国家骨干高职院校项目建设成果

面向"十三五"高职高专教育精品规划教材

砌体结构工程施工

主　编　阳小群

副主编　童腊云　陈　翔　张小军　彭仁娥

参　编　李清奇　舒　莉　曾梦炜　廖秀华

　　　　汤敏捷　张　可　谢　旦　刘　方

　　　　严朝成　胡细华　王　华

主　审　贺子龙　颜彩飞

北京理工大学出版社

BEIJING INSTITUTE OF TECHNOLOGY PRESS

内容提要

本书依据《建筑工程施工质量验收统一标准》（GB 50300—2013）、《砌体结构工程施工质量验收规范》（GB 50203—2011）、《砌体结构设计规范》（GB 50003—2011）等最新标准规范进行编写。全书共五个学习情境，主要内容包括：砌体结构构造认知和基本构件分析、砌体结构工程施工图识读、脚手架施工及垂直运输设施认知、砌体工程施工、砌筑施工方案的编制等。

本书可作为高等职业院校建筑工程类、工程管理类相关专业的教材，也可作为成人教育及其他社会人员岗位培训参考用书。

图书在版编目(CIP)数据

砌体结构工程施工／阳小群主编.—北京：北京理工大学出版社，2015.8（2015.9重印）
ISBN 978-7-5682-1092-8

Ⅰ.①砌…　Ⅱ.①阳…　Ⅲ.①砌体结构-工程施工-高等学校-教材　Ⅳ.①TU754

中国版本图书馆CIP数据核字(2015)第195245号

出版发行／北京理工大学出版社有限责任公司
社　　　址／北京市海淀区中关村南大街5号
邮　　　编／100081
电　　　话／(010)68914775(总编室)
　　　　　　82562903(教材售后服务热线)
　　　　　　68948351(其他图书服务热线)
网　　　址／http://www.bitpress.com.cn
经　　　销／全国各地新华书店
印　　　刷／北京紫瑞利印刷有限公司
开　　　本／787毫米×1092毫米　1/16
印　　　张／12
字　　　数／279千字
版　　　次／2015年8月第1版　2015年9月第2次印刷
定　　　价／28.00元

责任编辑／钟　博
文案编辑／钟　博
责任校对／周瑞红
责任印制／边心超

国家骨干高职院校项目建设成果
面向"十三五"高职高专教育精品规划教材
丛书编审委员会

总序言

国家示范（骨干）高等职业院校建设是教育部、财政部为创新高等职业院校校企合作办学体制机制、提高人才培养质量、深化教育教学改革、优化专业体系结构、加强师资队伍建设、完善质量保障体系，增强高等职业院校服务区域经济社会发展能力而启动的国家示范性高等职业院校建设计划项目。2010年11月23日，教育部、财政部印发《关于确定"国家示范性高等职业院校建设计划"骨干高职院校立项建设单位的通知》（教高函〔2010〕27号），娄底职业技术学院被确定为"国家示范性高等职业院校建设计划"骨干高职院校立项建设单位，2012年12月，娄底职业技术学院"国家示范性高等职业院校建设计划"骨干高职院校项目《建设方案》和《建设任务书》经教育部、财政部同意批复，正式启动项目建设工作。

按照项目《建设方案》和《建设任务书》的建设目标任务要求，为创新"产教融合、校企合作、工学结合"的高素质应用型技术技能人才培养模式，推进校企合作的高等职业教育精品课程建设、精品教材开发、精品专业教学资源库建设等内涵式特色项目发展，启动了重点支持机电一体化技术、煤矿开采技术、畜牧兽医、建筑工程技术和应用电子技术专业（群）的国家骨干项目规划教材开发建设。

三年来，为了把这批教材打造成精品，我们于2013年通过立项论证方式，明确了教材三级目录、建设内容、建设进度，通过每个季度进行的过程检查和严格的"三审"制度，确保教材建设的质量关；各精品教材负责人依托合作企业在充分调研的基础上，遵循项目载体、任务驱动的原则，于2014年完成初稿的撰写，并先后经过5轮修改，于2015年通过项目规划教材编审委员会审核，完成教材开发出版等建设任务。

此次公开出版的精品教材秉承"以学习者为中心"和"行动导向"的理念，对接地方产业岗位要求，结合专业实际和课程改革成果，开发了以学习情境、项目为主体的工学结合教材，在内容选取、结构安排、实施设计、资源建设等方面形成了自己的特色。一是教材内容的选取凸显了职业性和前沿性特色。根据与职业岗位对接、中高职衔接的要求和学生认知规律，来遴选和序化教材内容，做到理论知识够用，职业能力适应岗位要求和个人发展要求；同时融入了行业前沿最新知识和技术，适时反映出专业领域出现的新变化和新特点。二是教材结构安排凸显了情境性和项目化特色。教材体例结构打破传统的学科体系，以工作任务为线索进行项目化改造，各个学习情境或项目细分成若干个任务，各个任务采用任务要求、知识链接、技能训练、巩固提高的顺序来安排教学内容，充分体现以项目为载体、以任务为驱动的高职教育特征。三是教材实施的设计凸显了实践性和过程性特色。教材实施建议充分体现理论融于实践，动脑融于动手，做人融于做事；教学方法融"教、学、做"于一体、实施以真实工作任务或企业产品为载体的教学方法，真正突出了以学生自主学习为中心、以问题为导向的理念；考核评价着重放在考核学生的能力与素质上，同时关注学生自主学习、参与性学习和实践学习的状况。四是教材资源的建设凸显了完备性和交互性特色。在教材开发的同时，各门课程建成了涵盖课程标准、教学项目、电子教案、教学课件、图片库、案例库、动画库、课题库、教学视频等在内的丰富完备的数字化教学资源，并全部上网；学习者可通过课堂学习与网上交互式学习相结合，达到事半功倍的效果，从而将教材内容和教学资源有机整合，大大丰富了教材的内涵。

丛书编审委员会

Foreword

前 言

　　本书以现阶段职业教育课程特征、职业教育课程结构性改革为出发点，结合砌体结构工程施工课程标准和建筑类施工管理人员从业资格要求，以工作过程为导向，本着结构立意要新、内容重技能应用、理论以够用为度的原则，根据《建筑工程施工质量验收统一标准》（GB 50300—2013）、《砌体结构工程施工质量验收规范》（GB 50203—2011）、《砌体结构设计规范》（GB 50003—2011）等最新标准规范及砌体结构最新施工工艺编写而成，适合高职高专建筑工程技术专业及其他相关专业的学生使用，也可供建筑工程施工现场一线施工人员继续教育培训使用。

　　本书在分析施工人员岗位职业能力的基础上，依据职业能力选择课程内容，彻底改变以"知识"为基础设计课程的传统模式，围绕职业能力的形成组织课程内容；按照工作过程设计学习课程，以典型任务为载体来设计学习情境、组织教学，以提出"任务"、分析"任务"、完成"任务"为主线，在进行学习任务的安排，在完成工作任务的过程中进行理论知识的学习。全书内容全面、具体，便于学生在学习和应用时加以参考。

　　本书由娄底职业技术学院阳小群担任主编；娄底职业技术学院童腊云、陈翔、张小军、彭仁娥担任副主编；娄底职业技术学院李清奇、舒莉、曾梦炜、廖秀华、汤敏捷、张可、谢旦、刘方、严朝成、胡细华及湖南天元建设有限公司王华编与了部分内容的编写工作。全书由贺子龙、颜彩飞担任主审。

　　在本书的编写过程中，参考了书后所附参考文献的部分资料，在此向所有参考文献的作者表示衷心的感谢。由于编者水平有限，书中难免存在不足，希望使用本书的师生及其他读者批评指正，以便适时修改。

编　者

Contents

目 录

学习情境 1
砌体结构构造认知和基本构件分析

任务目标 >>>

　　1. 通过学习与实训掌握常见墙体的类型、构造及特点。
　　2. 通过学习与实训掌握砌体结构受力性能，能对常见房屋墙柱的内力进行分析和计算。
　　3. 通过学习与实训掌握主要构件的构造要求。

知识链接 >>>

>>> 学习单元 1.1　墙体构造认知

1.1.1　墙体的类型

1. 按墙体在房屋中所处的位置和方向分类

　　(1)按墙体在房屋中所处位置不同可分为外墙和内墙。位于房屋周边的墙统称为外墙，起围护作用；位于房屋内部的墙统称为内墙，主要起分隔房间的作用。

　　(2)按墙体的方向不同可分为纵墙和横墙。沿建筑物长轴方向布置的墙，称为纵墙；纵墙又可分为外纵墙和内纵墙。沿建筑物短轴方向布置的墙称为横墙，横墙又可分为外横墙和内横墙，外横墙位于房屋两端，称为山墙。在同一道墙上，窗与窗之间的墙，窗与门之间的墙称为窗间墙，窗台下面的墙称为窗下墙，女儿墙是外墙在屋顶以上的延续，也称为压檐墙，一般墙厚为 240 mm，高度不宜超过 500 mm，并保证其稳定和满足抗震设防要求，如图 1-1 所示。

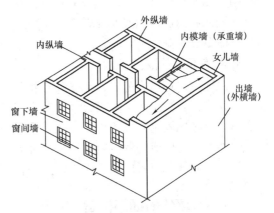

图 1-1　墙体的各部分名称

2. 按墙体受力情况分类

墙体按结构受力情况不同可分为承重墙和非承重墙。承重墙直接承担上部结构传来的荷载；非承重墙不承受上部传来的荷载。非承重墙又可分为自承重墙、隔墙、填充墙、幕墙。只承受自身重量的墙体称为自承重墙；分格内部空间且其重量由楼板或梁承受的墙称为隔墙；填充在框架结构柱间的墙称为框架填充墙；悬挂在建筑物外部的轻质墙称为幕墙，包括金属幕墙、玻璃幕墙等。

3. 按墙体材料分类

墙体按所用材料不同可分为砖墙、砌块墙、混凝土墙、石墙、土墙等。

4. 按构造方式分类

墙体按构造方式不同可分为实心砖墙、空体墙、复合墙，如图 1-2 所示。

5. 按施工方法分类

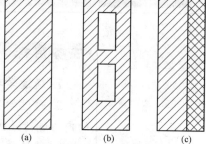

图 1-2　墙体按构造方式分类
(a)实心砖墙；(b)空体墙；(c)复合墙

墙体按施工方法不同可分为叠砌墙、板筑墙、装配式板材墙三种。叠砌墙是将各种加工好的块材，如黏土砖、灰砂砖、石块、空心砖、加气混凝土砌块用胶结材料砌筑而成的墙体；板筑墙是在施工时，直接在墙体部位竖立模板，在模板内夯筑黏土或浇筑混凝土振捣密实而成的墙体，如夯土墙和大模板、滑模施工的混凝土墙体；装配式板材墙是将工厂生产的大型板材运至现场进行机械化安装而成的墙体。

1.1.2　墙体的设计要求

根据墙体所在的位置和功能不同，设计时应满足下列要求。

1. 具有足够的强度和稳定性

墙体的强度与所用材料有关，同时应通过结构计算来确定墙体厚度。墙体的稳定性与墙体的高度、厚度、横墙间距等有关。

2. 具有保温、隔热的性能

外墙是建筑围护结构的主体，其热工性能的好坏对建筑物的使用环境及能耗有很大的影响。在寒冷地区要求墙体具有良好的保温性能，以减少室内热量的散失，同时，防止墙体表面和内部产生凝结水现象；在炎热地区要求墙体具有一定的通风、隔热能力，防止室内温度过高。

3. 具有足够的隔声能力

为保证室内环境安静，避免室外或相邻房间的噪声影响，墙体必须具有足够的隔声能力，并应符合国家有关隔声标准的要求。声音的传播方式有空气传声和固体传声，对于墙体主要考虑隔绝空气传声，一般采用重而密实的材料做墙体的隔声材料，还可在墙体中间加空气间层或松散材料，形成复合墙体，使之具有较好的隔声能力。

另外，墙体还应考虑满足防火、防潮、防水以及经济等方面的要求。

1.1.3　墙体的细部构造

不同材料的墙体在处理细部构造方面的原则和做法基本相同，此处以普通砖墙为例来介绍墙体的细部构造，以掌握基本原理和常见做法。

1. 勒脚

勒脚是外墙接近室外地面的部分，易受雨、雪的侵蚀及冻融和人为因素的破坏，以致影响建筑物的立面美观和耐久性，所以勒脚的构造应坚固、耐久、防潮、防水。勒脚的高度一般应在500 mm以上，考虑到建筑立面造型处理，也有将勒脚高度提高到底层窗台以下的情况。勒脚的做法有抹灰勒脚、贴面勒脚和石材砌筑勒脚，如图1-3所示。常见的有水泥砂浆抹灰、水刷石、贴面砖等。为防止勒脚与散水接缝处向下渗水，勒脚应伸入散水下，接缝处用弹性防水材料嵌缝。

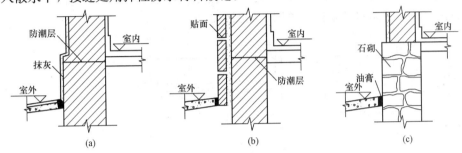

图1-3 勒脚构造做法

(a)抹灰勒脚；(b)贴面勒脚；(c)石材砌筑勒脚

2. 散水和明沟

散水是沿建筑物外墙四周所设置的向外倾斜的排水坡面；明沟是在外墙四周所设置的排水沟。散水的宽度一般为600~1 000 mm，为保证屋面雨水能够落在散水上，当屋面排水方式为自由排水时，散水宽度应比屋檐挑出宽度大200 mm左右，并做滴水砖带。为加快雨水的流速，散水表面应向外倾斜，坡度一般为3%~5%。散水的通常做法是在基层土壤上现浇混凝土，或用砖、石铺砌，水泥砂浆抹面，如图1-4所示。

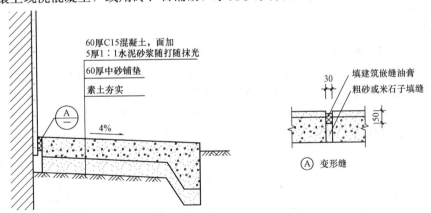

图1-4 散水构造做法

散水垫层为刚性材料时，应每隔6 m设一道伸缩缝，缝宽为20 mm。在房屋四周、阴阳角处也应设伸缩缝，缝内填沥青砂浆。

明沟与散水的做法大致相同。不同的是，明沟直接将雨水有组织地排入城市地下管网，明沟底面也应做不小于1%的坡度。

3. 墙身防潮层

为了防止土壤中的水分由于毛细作用上升使建筑物墙身受潮,保持室内干燥卫生,提高建筑物的耐久性,应当在墙体中设置防潮层,防潮层可分为水平防潮层和垂直防潮层两种。

(1)水平防潮层是指建筑物内外墙靠近室内地坪沿水平方向设置的防潮层。根据材料不同可分为防水砂浆防潮层、油毡防潮层、细石混凝土防潮层三种,当水平防潮层处设有钢筋混凝土圈梁时,不另设防潮层,如图1-5所示。

(2)垂直防潮层的具体做法是在垂直墙面上先用水泥砂浆找平,再刷冷底子油一道、热沥青两道或采用防水砂浆抹灰防潮,如图1-6所示。

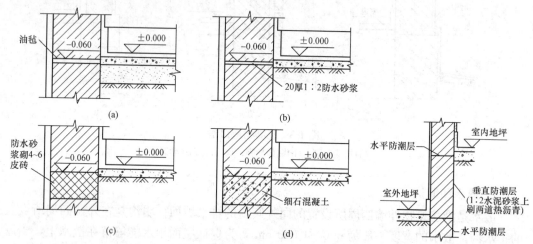

图1-5　水平防潮层的做法

(a)油毡防潮层;(b)防水砂浆防潮层;(c)防水砂浆
砌砖防潮层;(d)细石混凝土防潮层

图1-6　垂直防潮层的做法

4. 窗台

窗台是窗洞下部的构造,用来排除窗外侧流下的雨水和内侧的冷凝水,且具有装饰作用。按其构造做法不同可分为外窗台和内窗台。位于窗外的窗台叫作外窗台。其有悬挑窗台和不悬挑窗台两种,如图1-7所示;位于室内的窗台叫作内窗台。一般为水平放置,通常结合室内装修选择水泥砂浆抹灰、木板或贴面砖等多种饰面形式。北方地区常在窗台下设置暖气槽,如图1-8所示。

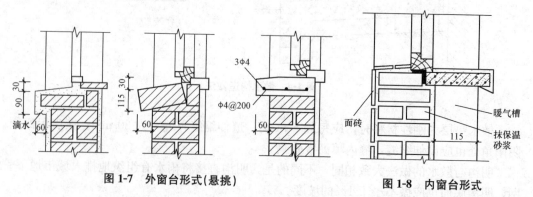

图1-7　外窗台形式(悬挑)　　　　图1-8　内窗台形式

5. 过梁

过梁是指设置在门窗洞口上部，用以承受上部墙体和楼盖重量的横梁。常见的过梁有砖砌平拱过梁、钢筋砖过梁和钢筋混凝土过梁三种。

(1)砖砌平拱过梁。砖砌平拱过梁是我国的传统做法，如图1-9所示。将立砖和侧砖相间砌筑，使灰缝上宽下窄相互挤压形成拱的作用。其跨度不应超过1.2 m，用竖砖砌筑部分的高度不应小于240 mm。

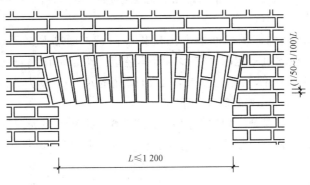

图1-9　砖砌平拱过梁

(2)钢筋砖过梁。钢筋砖过梁是在平砌砖的灰缝中加设适量钢筋而形成的过梁，如图1-10所示。其跨度不应超过1.5 m，底面砂浆处的钢筋，其直径不应小于5 mm，间距不宜大于120 mm，钢筋伸入支座砌体内的长度不宜小于240 mm，砂浆层的厚度不宜小于30 mm。

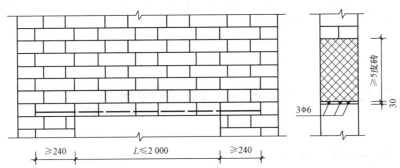

图1-10　钢筋砖过梁

砖砌过梁所用的砂浆不宜低于M5。对有较大震动荷载或可能产生不均匀沉降的房屋，不应采用砖砌过梁，而应采用钢筋混凝土过梁。

(3)钢筋混凝土过梁。钢筋混凝土过梁的适应性较强，是目前在建筑中普遍采用的一种过梁形式。当门窗洞口跨度超过2 m或上部有集中荷载时需采用钢筋混凝土过梁，钢筋混凝土过梁有现浇和预制两种，梁高及配筋由计算确定。常见梁高为60 mm、120 mm、180 mm、240 mm，其断面形式如图1-11所示。

6. 墙身的加固构造

当墙身承受集中荷载、墙上开洞以及受地震等因素影响时，为提高建筑物的整体刚度和墙体的稳定性，应视具体情况对墙身采取相应的加固措施。

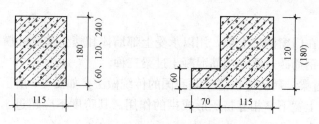

图 1-11 钢筋混凝土过梁

（1）壁柱和门垛。当墙体的窗间墙上出现集中荷载，而墙厚又不足以承受其荷载；或当墙体的长度和高度超过一定限度并影响墙体稳定性时，常在墙身局部适当位置增设凸出墙面的壁柱以提高墙体的刚度。壁柱凸出墙面的尺寸一般为 120 mm×370 mm、240 mm×370 mm、240 mm×490 mm 等。

当门上开设的门窗洞口处于两墙转角处或丁字墙交接处时，为保证墙体的承载力及稳定性和便于门框的安装，应设门垛，门垛的长度不应小于 120 mm，如图 1-12 所示。

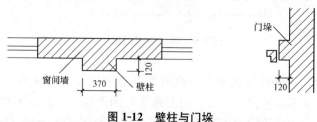

图 1-12 壁柱与门垛

（2）圈梁。详见本书"学习情境 4 学习单元 4.4"。

（3）构造柱。详见本书"学习情境 4 学习单元 4.4"。

学习单元 1.2　砌体结构基本构件分析

1.2.1　砌体的力学性能

1. 砌体的抗压性能

（1）砖砌体在轴心受压下的破坏特征。砖砌体是由两种不同的材料（砖和砂浆）粘结而成，其受压破坏特征不同于单一材料组成的构件。根据试验结果，砖砌体轴心受压时从开始加载直至破坏，按照裂缝的出现和发展等特点，可以划分为以下三个受力阶段：

第一阶段：从砌体受压开始，到出现第一条（批）裂缝，如图 1-13(a) 所示。在此阶段，随着压力的增大，首先在单块砖内产生细小裂缝，以竖向短裂缝为主。就砌体而言，多数情况下约有数条，砖砌体内产生第一批裂缝时的压力为破坏时压力的50%～70%。

第二阶段：随着压力的增加，单块砖内的初始裂缝将不断向上及向下发展，并沿竖向通过若干皮砖，在砌体内逐渐连接成一段段的裂缝，如图 1-13(b) 所示，同时产生一些新的裂缝。此时，即使压力不再增加，裂缝仍会继续发展，砌体已临近破坏状态，其压力为破坏时压力的 80%～90%。

第三阶段：压力继续增加，砌体中裂缝迅速加长加宽，竖向裂缝发展并贯通整个试件，裂缝将砌体分割成若干个半砖小柱体，如个别砖可能被压碎或小桩体失稳，整个砌体也随之破坏，如图 1-13(c)所示。以破坏时压力除以砌体横截面面积所得的应力称为该砌体的极限抗压强度 N_u。

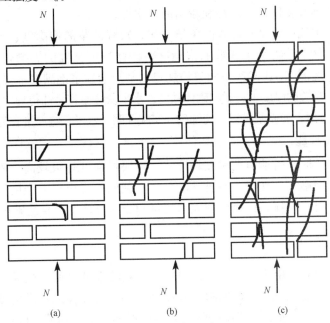

图 1-13　砖砌体轴心受压时破坏特征

(a)$N=(0.5\sim0.7)N_u$；(b)$N=(0.8\sim0.9)N_u$；(c)$N=N_u$

(2)砖砌体受压应力状态的分析。轴心受压砌体总体上处于均匀的中心受压状态，但若在试验时仔细测量砌体中砖块的变形，可以发现，砖在砌体中不仅受压，而且受弯、受剪和受拉，处于复杂的受力状态中。产生这种现象的主要原因有以下几点。

1)砂浆层的非均匀性：造成了砌体受压时砖并非均匀受压，而是处于受拉、受弯和受剪的复杂应力状态。

2)砖和砂浆横向变形差异：砖内产生的附加横向拉力将加快裂缝的出现和发展。

3)竖向灰缝的应力集中：砌体的竖向灰缝往往不能填实，因此，砖在竖向灰缝处易产生横向拉应力和剪应力的应力集中现象，从而引起砌体强度的降低。

(3)影响砌体抗压强度的主要因素。

1)块材和砂浆的强度。块材和砂浆的强度是决定砌体抗压强度的主要因素。试验表明，以砖砌体为例，当砖强度等级提高一倍时，砌体抗压强度可提高 50%左右；当砂浆强度等级提高一倍，砌体抗压强度可提高 200%，但水泥用量要增加 50%左右。

一般来说，砖本身的抗压强度总是高于砌体的抗压强度，砌体强度随块体和砂浆强度等级的提高而增大，但提高块体和砂浆强度等级不能按相同的比例提高砌体的强度。

2)块体的形状。块体的外形对砌体强度也有明显的影响，块体的外形比较规则、平整，则砌体强度相对较高。如细料石砌体的抗压强度比毛料石砌体抗压强度可提高 50%左右；灰砂砖具有比塑压黏土砖更为整齐的外形，砖的强度等级相同时，灰砂砖砌体的强度要高于塑压黏土砖砌体的强度。

3）砂浆的性能。砂浆流动性和保水性越好，越易于铺砌成厚度和密实性都较均匀的水平灰缝，从而提高砌体的强度。但过大的流动性（采用过多塑化剂）会造成砂浆在硬化后的变形率也越大，砌体强度反而降低。纯水泥砂浆虽然抗压强度较高，但由于其保水性和流动性较差，不易保证其砌筑时砂浆饱满和密实，因而会使砌体强度降低。因此，性能较好的砂浆应具有良好的流动性和较高的密实性。

4）砌筑质量。砌筑质量是指砌体的砌筑方式、灰缝砂浆的饱满度、砂浆层的铺砌厚度及均匀程度等，其中砂浆水平灰缝的饱满度对砌体抗压强度的影响较大，《砌体结构工程施工质量验收规范》（GB 50203—2011）规定水平灰缝砂浆饱满度不得低于80%。

5）灰缝厚度。灰缝的厚度也将影响砌体强度。水平灰缝厚容易铺得均匀，但增加了砖的横向拉应力；灰缝过薄，使砂浆难以均匀铺砌。实践证明，水平灰缝厚度宜为8～12 mm。

2. 砌体的抗拉性能

当砌体轴心受拉时，可能有两种破坏形式：当块材强度等级较高，砂浆强度等级较低时，砌体将沿齿缝破坏，如图 1-14 所示的 a—a 截面；当块材的强度等级较低，而砂浆的强度等级较高时，砌体将沿砌体截面即块材和竖直灰缝发生直缝破坏，如图 1-14 所示的 b—b 截面。

3. 砌体的抗弯性能

当砌体弯曲受拉时，由于受力方式、块材和砂浆的强度高低及破坏的部位不同，可能有三种破坏形式：沿齿缝破坏，如图 1-15(a) 所示的 a—a 截面；沿砌体截面即块材和竖直灰缝发生直缝破坏，如图 1-15(a) 所示的 b—b 截面；沿通缝截面破坏，如图 1-15(b) 所示的 c—c 截面。

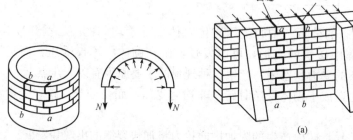

图 1-14　砌体的轴心受拉破坏

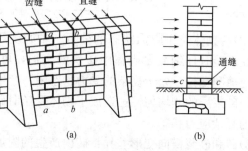

图 1-15　砌体的弯曲受拉破坏

(a)沿灰缝破坏、沿砌体截面破坏；(b)沿通缝截面破坏

4. 砌体的抗剪性能

当砌体受剪时，可能有三种破坏形式：沿通缝破坏，如图 1-16(a) 所示；沿齿缝破坏，如图 1-16(b) 所示；沿阶梯缝破坏，如图 1-16(c) 所示。

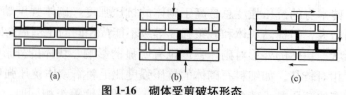

(a)　　　　　　　(b)　　　　　　　(c)

图 1-16　砌体受剪破坏形态

(a)沿通缝剪切；(b)沿齿缝剪切；(c)沿阶梯缝剪切

试验表明，砌体的受拉、受弯、受剪破坏一般发生在砂浆和块体的连接面上。因此，砌体的抗拉、抗弯、抗剪强度主要取决于灰缝的强度，即砂浆的强度。

1.2.2 砌体结构基本构件计算

1. 砌体结构承载力计算的基本表达式

砌体结构采用以概率理论为基础的极限状态设计法设计，按承载力极限状态设计的基本表达式为：

$$r_0 S \leqslant R(f)$$

式中　　$R(f)$——结构构件的设计抗力函数；

　　　　r_0——结构重要性系数，对一级、二级、三级安全等级，分别取 1.1、1.0、0.9；

　　　　S——内力及内力组合设计值（如轴向力、弯矩、剪力等）。

砌体结构除应按承载能力极限状态设计外，还要满足正常使用极限状态的要求，一般情况下，正常使用极限状态可由构造措施予以保证，不需验算。

2. 房屋的静力计算方案

根据《砌体结构设计规范》(GB 50003—2011)的规定，在混合结构房屋内力计算中，根据房屋的空间工作性能可分为刚性方案、弹性方案和刚弹性方案。

(1)刚性方案。房屋横墙间距较小，楼盖(屋盖)水平刚度较大时，房屋的空间刚度较大，在荷载的作用下，房屋的水平位移较小，在确定房屋计算简图时，可以忽略房屋水平位移，而将屋盖或楼盖视作墙或柱的不动铰支座，这种房屋称为刚性方案房屋。一般多层住宅、办公楼、医院往往属于此类方案，如图 1-17(a)所示。

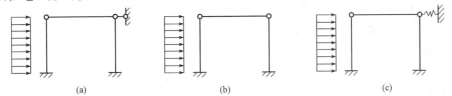

图 1-17　混合结构房屋的计算简图
(a)刚性方案；(b)弹性方案；(c)刚弹性方案

(2)弹性方案。房屋横墙间距较大，楼盖(屋盖)水平刚度较小时，房屋的空间工作性能较差，在荷载的作用下，房屋的水平位移较大，在确定房屋计算简图时，必须考虑房屋的水平位移，把屋盖或楼盖与墙、柱的连接处视为铰接，并按不考虑空间工作的平面排架计算，这种房屋称为弹性方案房屋。一般单层厂房、仓库、礼堂、食堂等多属于此类方案，如图 1-17(b)所示。

(3)刚弹性方案。房屋的空间刚度介于刚性与弹性方案之间，在荷载的作用下，房屋的水平位移较弹性方案小，但又不可忽略不计，这种房屋属于刚弹性方案房屋。其计算简图可用屋盖或楼盖与墙、柱的连接处为具有弹性支撑的平面排架，如图 1-17(c)所示。

按照上述原则，为了方便设计，在《砌体结构设计规范》(GB 50003—2011)中，将房屋按屋盖或楼盖的刚度划分为三种类型，并按房屋的横墙间距 s 来确定其静力计算方案，见表 1-1。

表 1-1　房屋的静力计算方案　　　　　　　　　　m

屋盖或楼盖类别	刚性方案	刚弹性方案	弹性方案
整体式、装配整体式和装配式无檩体系钢筋混凝土屋(楼)盖	$s<32$	$32\leqslant s\leqslant 72$	$s>72$
装配式有檩体系钢筋混凝土屋盖、轻钢屋盖和有密铺望板的木屋盖或木楼盖	$s<20$	$20\leqslant s\leqslant 48$	$s>48$
瓦材屋面的木屋盖和轻钢屋盖	$s<16$	$16\leqslant s\leqslant 36$	$s>36$

由表 1-1 可知，屋盖或楼盖的类别是确定静力计算方案的主要因素之一，在屋盖或楼盖类型确定后，横墙间距就成为保证刚性方案或弹性方案的一个重要条件。因此，作为刚性和刚弹性方案经静力计算的房屋横墙，应具有足够的刚度，以保证房屋的空间作用，并符合下列要求：

1)横墙中开有洞口时，洞口的水平截面面积不应超过横墙截面面积的 50％。

2)横墙的厚度不宜小于 180 mm。

3)单层房屋的横墙长度不宜小于其高度，多层房屋的横墙长度不宜小于其总高度的 1/2。

当横墙不能同时符合上述三项要求时，应对横墙的刚度进行验算。当其最大水平位移值不超过横墙高度的 1/4 000 时，仍可视为刚性或刚弹性方案房屋的横墙。凡符合上述刚度要求的一般横墙或其他结构构件(如框架等)，也可视作刚性或刚弹性方案房屋的横墙。

3. 墙、柱高厚比验算

高厚比是指墙、柱的计算高度 H_0 和墙厚(或柱边长)h 的比值，用 β 表示。墙、柱的高厚比过大，可能在施工砌筑阶段因过度的偏差、倾斜、鼓肚等现象以及施工和使用过程中出现的偶然撞击、振动等因素丧失稳定，同时，还应考虑到使用阶段在荷载作用下墙体应具有的刚度，不应发生影响正常使用的过大变形。可以认为高厚比验算是保证墙柱正常使用极限状态的构造规定。

墙、柱的允许高厚比验算与墙、柱的承载力计算无关。

墙、柱的允许高厚比是从构造上给予规定的限值，墙、柱的允许高厚比见表 1-2。

表 1-2　墙、柱的允许高厚比[β]值

砌体类型	砂浆强度等级	墙	柱
无筋砌体	M2.5	22	15
	M5.0 或 Mb5.0、Ms5.0	24	16
	≥M7.5 或 Mb7.5、Ms7.5	26	17
配筋砌块砌体	—	30	21

注：1. 毛石墙、柱的允许高厚比应按表中数值降低 20％；

2. 带有混凝土或砂浆面层的组合砖砌体构件的允许高厚比，可按表中数值提高 20％，但不得大于 28；

3. 验算施工阶段砂浆尚未硬化的新砌砌体构件高厚比时，允许高厚比对墙取 14，对柱取 11。

应当指出，影响允许高厚比的因素比较复杂，很难用理论推导的公式确定，砌体规定的允许高厚比限值，是根据我国的实践经验确定的，它实际上也反映了在一定时期内的材料质量和施工的技术水平。

墙、柱高厚比应按下式验算：

$$\beta=\frac{H_0}{h}\leqslant\mu_1\mu_2[\beta]$$

式中　μ_1——非承重墙允许高厚比的修正系数；

　　　μ_2——有门窗洞口墙允许高厚比的修正系数；

　　　h——墙厚或矩形柱与 H_0 相对应的边长；

　　　H_0——墙、柱的计算高度，受压构件的计算高度取值见表1-3。

表1-3　受压构件的计算高度 H_0

房屋类别			柱		带壁柱墙或周边拉接的墙		
			排架方向	垂直排架方向	$s>2H$	$H<s\leqslant2H$	$s\leqslant H$
有吊车的单层房屋	变截面柱上段	弹性方案	$2.5H_u$	$1.25H_u$	$2.5H_u$		
		刚性、刚弹性方案	$2.0H_u$	$1.25H_u$	$2.0H_u$		
	变截面柱下段		$1.0H_l$	$0.8H_l$	$1.0H_l$		
无吊车的单层和多层房屋	单跨	弹性方案	$1.5H$	$1.0H$	$1.5H$		
		刚弹性方案	$1.2H$	$1.0H$	$1.2H$		
无吊车的单层和多层房屋	双跨	弹性方案	$1.25H$	$1.0H$	$1.25H$		
		刚弹性方案	$1.1H$	$1.0H$	$1.1H$		
	刚性方案		$1.0H$	$1.0H$	$1.0H$	$0.4s+0.2H$	$0.6s$

注：1. 表中 H_u 为变截面柱的上段高度；H_l 为变截面柱的下段高度；H 为构件高度；

　　2. 对于上端为自由端的构件，$H_0=2H$；

　　3. 独立砖柱，当无柱间支撑时，柱在垂直排架方向的 H_0 应按表中数值乘以 1.25 后采用；

　　4. s 为房屋横墙间距；

　　5. 自承重墙的计算高度应根据周边支承或拉接条件确定。

厚度 $h<240$ mm 的非承重墙，允许高厚比应乘以下列提高系数 μ_1：$h=240$ mm，$\mu_1=1.2$；$h=90$ mm，$\mu_1=1.5$；90 mm$<h<240$ mm，μ_1 按插入法取值。μ_2 按下式确定：

$$\mu_2=1-0.4\frac{b_s}{s}$$

式中　b_s——在宽度范围内的门窗洞口宽度；

　　　s——相邻横墙或壁柱之间的距离。

【例1-1】某混合结构房屋底层砖柱高度为 4.2 m，室内承重砖柱截面尺寸为 370 mm×490 mm，采用 M2.5 混合砂浆砌筑。房屋静力计算方案为刚性方案（$H_0=1.0H$），试验算砖柱的高厚比是否满足要求（砖柱自室内地面至基础顶面的距离为 500 mm）。

【解】（1）砖柱计算高度计算。

由于房屋的静力计算方案为刚性方案，查表可知砖柱的计算高度为：

$$H_0=1.0H=1.0\times(4.2+0.5)=4.7(m)$$

（2）砖柱允许高厚比计算。

当砂浆强度等级为 M2.5 时，查表可知砖柱的允许高厚比 $[\beta]=15$。

同时有：$\mu_1=1$（承重砖柱），$\mu_2=1$（无洞口）。

（3）砖柱的高厚比验算。

$$\beta = H_0/h = 4\,700/370 = 12.7 < \mu_1\,\mu_2[\beta] = 1 \times 1 \times 15 = 15$$

结论：此砖柱的高厚比满足要求。

4. 墙体全截面受压承载力计算

(1)矩形截面墙、柱全截面受压承载力计算(图 1-18)。

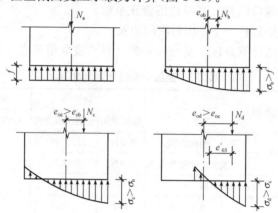

图 1-18　砌体受压时截面应力的变化

1)无筋砌体在轴心压力作用下，砌体在破坏阶段截面的应力是均匀分布的。构件承载力达到极限值 N_u 时，截面中的应力值达到砌体的抗压强度 f。

2)当轴向压力偏心距较小时，截面虽全部受压，但应力分布不均匀，破坏将发生在压应力较大的一侧，且破坏时该侧边缘压应力较轴心受压破坏时的应力稍大。当轴向力的偏心距进一步增大时，受力较小边将出现拉应力，此时如应力未达到砌体的通缝抗拉强度，受拉边不会开裂。如偏心距再增大，受拉侧将较早开裂，此时只有砌体局部的受压区压应力与轴向力平衡。

3)砌体虽然是一个整体，但由于有水平砂浆层且灰缝数量较多，砌体的整体性受到影响，因而砖砌体构件受压时，纵向弯曲对构件承载力的影响较其他整体构件(如素混凝土构件)显著。另外，对于偏心受压构件，还必须考虑在偏心压力作用下附加偏心距的增大和截面塑性变形等因素的影响。《砌体结构设计规范》(GB 50003—2011)在试验研究的基础上，把轴向力的偏心距和构件的高厚比对受压构件承载力的影响采用同一系数 φ 来考虑；同时，轴心受压构件可视为偏心受压构件的特例，即视轴心受压构件为偏心距 $e=0$ 的偏心受压构件。因此，砌体受压构件的承载力(包括轴心受压与偏心受压)即可按下式计算：

$$N \leqslant \varphi f A$$

式中　N——荷载设计值产生的轴向力；

　　　A——截面面积；

　　　f——砌体抗压强度设计值，烧结普通砖和烧结多孔砖砌体的抗压强度设计值，按表 1-4 取值；

　　　φ——高厚比 β 和轴向力的偏心距 e 对受压构件承载力的影响系数，按表 1-5 取值。

表 1-4 烧结普通砖和烧结多孔砖砌体的抗压强度设计值　　　　　　　　　　　MPa

砖强度等级	砂浆强度等级					砂浆强度
	M15	M10	M7.5	M5	M2.5	0
MU30	3.94	3.27	2.93	2.59	2.26	1.15
MU25	3.60	2.98	2.68	2.37	2.06	1.05
MU20	3.22	2.67	2.39	2.12	1.84	0.94
MU15	2.79	2.31	2.07	1.83	1.60	0.82
MU10	—	1.89	1.69	1.50	1.30	0.67

注：当烧结多孔砖的孔洞率大于 30% 时，表中数值应乘以 0.9。

表 1-5 砌体结构构件承载力影响系数表（砂浆强度等级≥M5）

β	e/h 或 e/h_T												
	0	0.025	0.05	0.075	0.1	0.125	0.15	0.175	0.2	0.225	0.25	0.275	0.3
≤3	1	0.99	0.97	0.94	0.89	0.84	0.79	0.73	0.68	0.62	0.57	0.52	0.48
4	0.98	0.95	0.90	0.85	0.80	0.74	0.69	0.64	0.58	0.53	0.49	0.45	0.41
6	0.95	0.91	0.86	0.81	0.75	0.69	0.64	0.59	0.54	0.49	0.45	0.42	0.33
8	0.91	0.86	0.81	0.76	0.70	0.64	0.59	0.54	0.50	0.46	0.42	0.39	0.36
10	0.87	0.82	0.76	0.71	0.65	0.60	0.55	0.50	0.46	0.42	0.39	0.36	0.33
12	0.82	0.77	0.71	0.66	0.60	0.55	0.51	0.47	0.43	0.39	0.36	0.33	0.31
14	0.77	0.72	0.66	0.61	0.56	0.51	0.47	0.43	0.40	0.36	0.34	0.31	0.29
16	0.72	0.67	0.61	0.56	0.52	0.47	0.44	0.40	0.37	0.34	0.31	0.29	0.27
18	0.67	0.62	0.57	0.52	0.48	0.44	0.40	0.37	0.34	0.31	0.29	0.27	0.25
20	0.62	0.57	0.53	0.48	0.44	0.40	0.37	0.34	0.32	0.29	0.27	0.25	0.23
22	0.58	0.53	0.49	0.45	0.41	0.38	0.35	0.32	0.30	0.27	0.25	0.24	0.22
24	0.54	0.49	0.45	0.41	0.38	0.35	0.32	0.30	0.28	0.26	0.24	0.22	0.21
26	0.50	0.46	0.42	0.38	0.35	0.33	0.30	0.28	0.26	0.24	0.22	0.21	0.19
28	0.46	0.42	0.39	0.36	0.33	0.30	0.28	0.26	0.24	0.22	0.21	0.19	0.18
30	0.42	0.39	0.36	0.33	0.31	0.28	0.26	0.24	0.22	0.21	0.20	0.18	0.17

4）对矩形截面构件，当轴向力偏心方向的截面边长大于另一方向边长时，除按偏心受压计算外，还应对较小边长方向按轴心受压验算。

5）当轴向力偏心距 e 很大时，截面受拉区水平裂缝将显著开展，受压区面积显著减小，构件的承载能力大大降低。考虑到经济性和合理性，《砌体结构设计规范》（GB 50003—2011）规定，按荷载的标准值计算轴向力的偏心距 e，并不超过 $0.6y$（y 为截面重心到轴向力所在偏心方向截面边缘的距离）。

【例 1-2】截面尺寸为 490 mm×490 mm 的砖柱，采用强度等级为 MU10 烧结多孔砖及强度等级为 M5 的混合砂浆砌筑，施工质量等级为 B 级，刚性计算方案，柱的高

度 $H=5$ m，承受轴心压力设计值 $N=250$ kN(包括柱的自重)，试验算柱底截面是否安全。

【解】 (1)确定所用砌体材料的抗压强度设计值。

本砖柱采用强度等级为 MU10 烧结多孔砖及强度等级为 M5 混合砂浆砌筑。由表 1-4 查得砌体抗压强度设计值为：

$$f=1.50 \text{ MPa}=1.50 \text{ N/mm}^2$$

(2)计算构件的承载力影响系数。

由刚性计算方案的柱，查表 1-3 可知 $H_0=1.0H=1.0\times5.0=5(\text{m})=5\,000(\text{mm})$

由公式：$\beta=\gamma_\beta \quad H_0/h=1.0\times5\,000/490=10.204$

相应可得 $\varphi=0.865$

(3)计算砖柱的抗压承载力。

由公式：$N_u=\varphi fA=0.865\times1.50\times0.303\,8\times10^6=394.18\times10^3(\text{N})=394.18(\text{kN})$

(4)验算砖柱的抗压承载力是否满足要求。

已知：$N=250(\text{kN})$

由公式比较：$N\leqslant N_u$，结论：柱底截面是安全的。

【例 1-3】 截面尺寸为 $1\,000$ mm×240 mm 的窗间墙。采用强度等级为 MU20 的蒸压粉煤灰砖砌筑，水泥砂浆强度等级为 M7.5，施工质量等级为 B 级，墙的计算高度 $H_0=3.75$ m，承受的轴心压力设计值 $N=120$ kN，荷载的偏心距为 60 mm(沿短边方向)。计算窗间墙承载力是否满足要求。

【解】 (1)确定所用砌体材料的抗压强度设计值。

本窗间墙采用强度等级为 MU20 的蒸压粉煤灰砖及强度等级为 M7.5 水泥砂浆砌筑。由表 1-4 查得砌体抗压强度设计值为：

$$f=2.39 \text{ MPa}=2.39 \text{ N/mm}^2$$

由 $A=1\,000\times240=240\,000(\text{mm}^2)=0.24(\text{m}^2)<0.3 \text{ m}^2$ 得修正系数为：

$$\gamma_{a1}=0.7+A=0.7+0.24=0.94$$

又由采用水泥砂浆修正系数为：$\gamma_{a2}=0.9$

则修正后的砌体抗压强度 $\gamma=0.94\times0.9\times2.39=2.02(\text{N/mm}^2)$

(2)计算构件的承载力影响系数。

由公式：$\beta=\gamma_\beta \quad H_0/h=1.2\times3\,750/240=18.75$

$$e/h=60/240=0.25 \qquad e/y=60/120=0.5<0.6$$

查表得 $\varphi=0.283$

(3)计算窗间墙的抗压承载力。

由公式：$N_u=\varphi fA=0.283\times2.02\times0.24\times10^6=137.20\times10^3(\text{N})=137.20(\text{kN})$

(4)验算窗间墙的抗压承载力是否满足要求。

已知：$N=120(\text{kN})$

由公式比较：$N\leqslant N_u$，结论：窗间墙截面是安全的。

(2)带壁柱墙体的全截面受压承载力计算。对各类砌体的截面受压承载力均可按毛截面计算；对带壁柱墙，其翼缘宽度 b_f 按如下规定采用：对多层房屋，当有门窗洞口时可取窗间墙宽度，当无门窗洞口时可取相邻壁柱间距离；对单层房屋，取 $b_f=b+\dfrac{2}{3}h$

（b 为壁柱宽度，h 为墙高），但不大于窗间墙宽度和相邻壁柱间距离；计算带壁柱墙的条形基础时，可取相邻壁柱间距离。

墙、柱的高厚比 β 是衡量砌体长细程度的指标，它等于墙、柱计算高度 H_0 与其厚度之比，即：

$$对矩形截面：\beta = H_0/h$$
$$对 T 形截面：\beta = H_0/h_T$$

式中　H_0——受压构件的计算高度；

　　　h——矩形截面轴向力偏心方向的边长，当轴心受压时为截面较小边边长；

　　　h_T——T 形截面的折算厚度，可近似取 $3.5i$ 计算；

$$i = \sqrt{I/A}$$

　　　i——T 形截面的回转半径；

　　　I——T 形截面的惯性矩。

【例1-4】某单层单跨无吊车的仓库，柱间距离为 4 m，中间开宽为 1.8 m 的窗，车间长 40 m，屋架下弦标高为 5 m，壁柱为 370 mm×490 mm，墙厚为 240 mm，房屋的静力计算方案为刚弹性方案，试验算带壁柱墙的高厚比是否满足要求。

【解】带壁柱墙采用窗间墙截面，如图 1-19 所示。

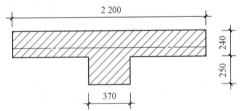

图 1-19　带壁柱墙采用窗间墙截面

(1)求壁柱截面的几何特征。

$A = 240 \times 2\,200 + 370 \times 250 = 620\,500 (mm^2)$

$y_1 = [2\,200 \times 240 \times 120 + 370 \times 250(240 + 250/2)]/620\,500 = 156.5 (mm)$

$y_2 = 240 + 250 - 156.5 = 333.5 (mm)$

$I = (1/12) \times 2\,200 \times 240^3 + 2\,200 \times 240 \times (156.5 - 120)^2 + (1/12) \times 370 \times 250^3 + 370 \times 250 \times (333.5 - 125)^2 = 7.74 \times 10^9 (mm^4)$

$i = \sqrt{\dfrac{I}{A}} = 111.7 (mm)$

$h_t = 3.5i = 3.5 \times 111.7 = 390.95 (mm)$

(2)确定计算高度。

$H = 5\,000 + 500 = 5\,500 (mm)$　（式中 500 mm 为壁柱下端嵌固处至室内地坪的距离）

查表 1-3 得 $H_0 = 1.2 \times 5\,500 = 6\,600 (mm)$

(3)整片墙高厚比验算。

采用强度等级为 M5 混合砂浆时，查表得 $[\beta] = 24$，开有门窗洞口时修正系数为 $\mu_2 = 1 - 0.4 \times (1\,800/4\,000) = 0.82$

自承重墙允许高厚比修正系数 $\mu_1 = 1$

$$\beta=\gamma_\beta H_0/h_T=1.0\times6\ 600/391=16.9<\mu_1\mu_2[\beta]=0.82\times24=19.68$$

(4)壁柱之间墙体高厚比的验算。

$$s=4\ 000<H=5\ 500\ \text{mm}$$

查表得 $H_0=0.6\times S=0.6\times4\ 000=2\ 400(\text{mm})$

$$\beta=\gamma_\beta H_0/h_T=1.0\times2\ 400/240=10<\mu_1\mu_2[\beta]=0.82\times24=19.68$$

高厚比满足规范要求。

5. 墙体局部受压承载力计算

(1)墙体局部均匀受压的计算。压力仅作用在砌体的部分面积上的受力状态称为局部受压。如在砌体局部受压面积上的压应力呈均匀分布，则为砌体的局部均匀受压（图1-20）。

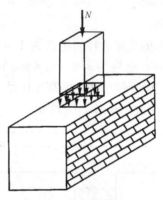

图1-20　局部均匀受压

直接位于局部受压面积下的砌体，因其横向应变受到周围砌体的约束，所以该受压面上的砌体局部抗压强度比砌体的全截面受压时的抗压强度高。但由于作用于局部面积上的压力很大，如不准确进行验算，则有可能成为整个结构的薄弱环节而造成破坏。

砌体截面中受局部均匀压力时的承载力按下式计算：

$$N_l=\gamma f A_l$$

式中　N_l——局部受压面积上轴向力设计值；

　　　γ——砌体局部抗压强度提高系数；

　　　f——砌体的抗压强度设计值，局部受压面积小于 $0.3\ \text{m}^2$，可不考虑强度调整系数 γ_a 的影响；

　　　A_l——局部受压面积。

砌体的局部抗压强度提高系数 γ 按下式计算：

$$\gamma=1+0.35\sqrt{\frac{A_0}{A_l}-1}$$

式中　A_0——影响砌体局部抗压强度的计算面积。

按下列规定采用：

图1-21(a)：$A_0=(a+c+h)h$，$\gamma\leqslant2.5$；

图1-21(b)：$A_0=(b+2h)h$，$\gamma\leqslant2.0$；

图1-21(c)：$A_0=(a+h)h+(b+h_1-h)h_1$，$\gamma\leqslant1.5$；

图 1-21(d)：$A_0=(a+h)h$，$\gamma \leqslant 1.25$。

式中　a，b——矩形局部受压面积 A_l 的边长；

　　　　h，h_1——墙厚或柱的较小边长；

　　　　c——矩形局部受压面积的外边缘至构件边缘的较小距离，当大于 h 时，应取为 h。

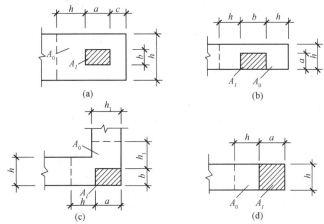

图 1-21　影响局部抗压强度的面积 A_0

(a)$A_0=(a+c+h)h$，$\gamma \leqslant 2.5$；　(b)$A_0=(b+2h)h$，$\gamma \leqslant 2.0$；

(c)$A_0=(a+h)h+(b+h_1-h)h_1$，$\gamma \leqslant 1.5$；　(d)$A_0=(a+h)h$，$\gamma \leqslant 1.25$

【例 1-5】截面尺寸为 200 mm×240 mm 的钢筋混凝土柱支承在砖墙上，墙厚 240 mm，采用强度等级为 MU10 烧结普通砖及强度等级为 M5 的混合砂浆砌筑，柱传至墙的轴向力设计值为 $N=100$ kN，试进行砌体局部受压验算。

【解】(1)砌体局部抗压强度提高系数。

局部受压面积 $A_l=200\times240=48\ 000(\mathrm{m}^2)$

影响砌体局部受压的计算面积

$$A_0=(b+2h)h=(200+2\times240)\times240=163\ 200(\mathrm{mm}^2)$$

砌体局部抗压强度提高系数

$$\gamma=1+0.35\sqrt{\frac{A_0}{A_l}-1}$$

$$=1+0.35\times(163\ 200/48\ 000-1)^{1/2}=1.54<2.0$$

由强度等级为 MU10 烧结普通砖及强度等级为 M5 的混合砂浆砌筑，查得砌体抗压强度设计值为：

$$f=1.50\ \mathrm{MPa}=1.50\ \mathrm{N/mm}^2$$

(2)砌体的局部受压承载力。

$$\gamma fA_l=1.54\times1.50\times48\ 000=110\ 880(\mathrm{N})=110.88(\mathrm{kN})$$

(3)验算砌体局部受压承载力是否满足要求。

已知：$N=100$ kN

由 $N_l \leqslant \gamma fA_l$ 可知，柱下砌体的局部受压承载力满足要求。

(2)梁端支承处墙体局部受压的计算。当梁端支承处砌体局部受压时，其压应力的分布是不均匀的。同时，由于梁端的转角以及梁的抗弯刚度与砌体压缩刚度的不同，梁端的有效支承长度可能小于梁的实际支承长度(图 1-22)。

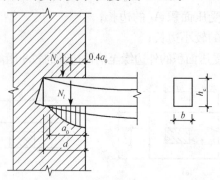

图 1-22 梁端支承处砌体局部不均匀受压

梁端支承处砌体局部受压计算中,除应考虑由梁传来的荷载外,还应考虑局部受压面积上由上部荷载设计值产生的轴向力,但由于支座下砌体的压缩以致梁端顶部与上部砌体脱开,而形成内拱作用,所以计算时要对上部传下的荷载进行适当的折减。梁端支承处砌体的局部受压承载力应按下式计算:

$$\psi N_0 + N_l \leqslant \eta \gamma f A_l$$

式中 ψ——上部荷载的折减系数,$\psi = 1.5 - 0.5 \dfrac{A_0}{A_l}$;

当 $\dfrac{A_0}{A_l} \geqslant 3$,取 $\psi = 0$(图 1-23);

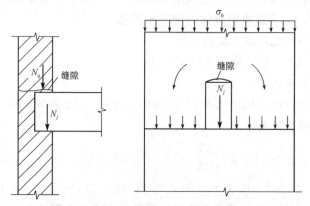

图 1-23 上部荷载对局部受压的影响示意图

N_0——局部受压面积内上部轴向力设计值,$N_0 = \sigma_0 A_l$,σ_0 为上部平均压应力设计值;

η——梁端底面积应力图形的完整系数,一般可取 0.7,对于过梁和墙梁可取 1.0;

A_l——局部受压面积,$A_l = a_0 b$,b 为梁宽,a_0 为梁端有效支承长度。

式中其余符号意义同前。

当梁直接支承在砌体上时,梁端有效支承长度可按下式计算:

$$a_0 = 10\sqrt{\frac{h_c}{f}}$$

式中　a_0——梁端有效支承长度(mm)，当 $a_0 > a$ 时，应取 $a_0 = a$；

　　　a——梁端实际支承长度(mm)；

　　　h_c——梁的截面高度(mm)；

　　　f——砌体的抗压强度设计值(MPa)。

【例1-6】如图1-24所示，截面尺寸为 200 mm×550 mm 的钢筋混凝土梁搁置在窗间墙上，墙厚为 370 mm，窗间墙截面尺寸为 1 200 mm×370 mm，采用强度等级为 MU10 的烧结普通砖及强度等级为 M5 的混合砂浆砌筑。梁端的实际支承长度 $a = 240$ mm，荷载设计值产生的梁端支承反力 $N_1 = 100$ kN，梁底墙体截面由上部荷载产生的轴向力 $N_1 = 240$ kN。试验算梁端下砌体局部受压强度。

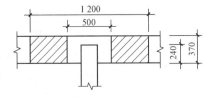

图1-24　钢筋混凝土梁

【解】(1)确定所用砌体材料的抗压强度设计值。

本题中砖采用强度等级为 MU10 的烧结普通砖及强度等级为 M5 的混合砂浆砌筑。由表1-4查得砌体抗压强度设计值：$f = 1.50$ MPa $= 1.50$ N/mm²。

(2)梁端底面压应力图形完整系数。

$$\eta = 0.7$$

梁端有效支承长度　$a_0 = 10(h_c/f)^{1/2} = 10 \times (550/1.50)^{1/2} = 191(\text{mm})$

局部受压面积　$A_l = a_0 b = 191 \times 200 = 38\ 200(\text{mm}^2)$

局部受压影响面积　$A_0 = (b+2h)h = (200+2\times370)\times370 = 3\ 478(\text{mm}^2)$

$A_0/A_l = 347\ 800/38\ 200 = 9.1 > 3$，取 $\psi = 0$

砌体局部抗压强度提高系数：

$$\gamma = 1 + 0.35\sqrt{\frac{A_0}{A_l}-1}$$
$$= 1 + 0.35 \times (347\ 800/38\ 200 - 1)^{1/2} = 1.996 < 2.0$$

(3)计算梁端下砌体局部受压承载力。

$$\eta\gamma f A_l = 0.7 \times 1.996 \times 1.5 \times 38\ 200 \times 10^{-3} = 80(\text{kN})$$

(4)验算梁端下砌体局部受压承载力是否满足要求。

$$\psi N_0 + N_l > \eta\gamma f A_l$$

结论：梁底截面是不安全的。

(5)设刚性垫块尺寸为 370 mm×500 mm×180 mm，经计算设计满足要求。

思考题

1.墙体是如何分类的？各有哪些类型？

2.墙体在设计上有哪些要求？

3.墙身防潮层有哪几种形式？

4.散水的作用是什么？

5.常见的过梁有哪几种？各适用于什么情况？

6. 墙身的加固有哪几种措施？

7. 影响砌体抗压强度的主要因素有哪些？

8. 如何验算构件高厚比？

9. 砌体结构房屋静力计算方案有哪几种？

10. 某砖柱截面尺寸为 490 mm×490 mm，计算高度为 4.8 m，采用烧结普通砖强度等级为 MU10、水泥砂浆强度等级为 M5 砌筑，施工质量控制等级为 B 级，作用于柱顶的轴向力设计值为 190 kN，试验算该柱的受压承载力。

11. 某单层房屋层高为 4.5 m，砖柱截面尺寸为 490 mm×370 mm，采用强度等级为 M5.0 混合砂浆砌筑，房屋的静力计算方案为刚性方案。若砖柱从室内地坪到基础顶面的距离为 500 mm，试验算此砖柱的高厚比。

12. 已知梁的截面尺寸为 200 mm×550 mm，梁端实际支承长度为 $a=240$ mm，荷载设计值产生的梁端支承反力 $N_l=59$ kN，墙体的上部荷载 $N_u=175$ kN，窗间墙截面尺寸为 1 500 mm×240 mm，采用烧结普通砖强度等级为 MU10、混合砂浆强度等级为 M5 砌筑，试验算该外墙上梁端砌体局部受压承载力。

13. 窗间墙截面尺寸为 370 mm×1 200 mm，砖墙用强度等级为 MU10 的烧结普通砖和强度等级为 M5 的混合砂浆砌筑。大梁的截面尺寸为 200 mm×500 mm，在墙上的搁置长度为 240 mm。大梁的支座反力为 150 kN，窗间墙范围内梁底截面处的上部荷载设计值为 300 kN，试对大梁端部下砌体的局部受压承载力进行验算。若不满足应该怎么办？

实 训 题

一、绘制外墙身剖面图

1. 目的

通过本次训练，掌握墙体的细部构造特点。

2. 作业条件

某城市砖混结构住宅，位于城市居住小区内，为单元式多层住宅，按两个单元，5 层设计。屋面防水等级为三级，抗震设防烈度为 6 度，屋顶为上人平屋顶，外排水，卷材防水屋面。室内外高差为 0.6 m，室内地面设计标高为 ±0.000 m，层高为 3 m。

3. 操作过程

(1)沿外墙窗纵剖，绘制墙身剖面图。

(2)重点表示下列部位节点：明沟或散水；勒脚及其防潮处理；窗过梁与窗、窗台；楼地面、屋面构造层次；檐口、泛水构造。

4. 标准要求

(1)绘制 1 张 3 号图纸，比例 1∶10。

(2)图中线条、材料符号等，按建筑制图标准表示，字体工整、线条分明。

5. 注意事项

各节点可任选一种绘制，但必须标明材料做法和尺寸。

二、参观实训

1. 目的

通过本次参观实训，掌握砌体结构墙、柱的构造处理。

2. 作业条件

某正在施工的砌体结构主体的施工现场。

3. 操作过程

随主体进度。

4. 标准要求

能熟练地将理论与实际相结合。

5. 注意事项

施工现场的安全。

学习情境 2
砌体结构工程施工图识读

任务目标 >>>

    1. 通过学习与实训掌握砌体结构工程建筑施工图的识图要点和内容。

    2. 通过学习与实训掌握砌体结构工程结构施工图的识图要点和内容。

知识链接 >>>

>>> 学习单元2.1 砌体结构工程建筑施工图识读

砌体结构工程建筑施工图是表示建筑物的总体布局、外部造型、内部布置、细部构造、内外装饰、固定设施和施工要求的图样，包括图纸目录、施工总说明、门窗表、总平面图、建筑平面图、建筑立面图、建筑剖视图和建筑详图等。建筑施工图是房屋施工时定位放线、砌筑墙身、制作楼梯、安装门窗、固定设施以及室内外装饰的主要依据，也是编制工程预算和施工组织设计等的主要依据。

砌体结构工程建筑施工图识读的基本步骤为：① 识读建筑施工首页图；② 识读建筑总平面图；③ 识读建筑平、立、剖面图；④ 识读建筑详图。

2.1.1 识读建筑施工首页图

建筑施工首页图是建筑施工图第一张图纸，主要内容包括图纸目录、设计说明、工程做法和门窗表。

(1)识读图纸目录。识读图纸目录的基本步骤为：

1)看标题栏，了解工程名称、项目名称、设计日期等。

2)看图纸目录表内容，了解图纸编排顺序、图纸名称、图纸大小等。

3)核对图纸数量。

(2)识读设计说明。设计说明是对图样中无法表达清楚的内容用文字加以详细的说明，其主要内容有：建设工程概况、建筑设计依据、所选用的标准图集的代号、建筑装修、构造的要求，以及设计人员对施工单位的要求。小型工程的总说明可以与相应的施工图说明放在一起。由于地区和工程间的差异，设计总说明的内容和编排顺序根据具体工程而各有不同，但都是对建筑施工图的补充。

（3）识读工程做法表。工程做法表主要是对建筑各部位构造做法用表格的形式加以详细说明。在表中对各施工部位的名称、做法等详细表达清楚，如采用标准图集中的做法，应注明所采用标准图集的代号、做法编号，如有改变，在备注中说明。

（4）识读门窗表。门窗表是对建筑物上所有不同类型的门窗统计后列成的表格，以备施工、预算需要。在门窗表中应反映门窗的类型、大小、所选用的标准图集及其类型编号，如有特殊要求，应在备注中加以说明。

2.1.2 识读建筑总平面图

建筑总平面图是将新建工程四周一定范围内的新建、拟建、原有和拆除的建筑物、构筑物连同其周围的地形、地物状况用水平投影方法和相应的图例所画出的工程图样。主要表示新建房屋的位置、朝向，与原有建筑物的关系，以及周围道路、绿化和给水、排水、供电条件等方面的情况。作为新建房屋施工定位、土方施工、设备管网平面布置，安排在施工时进入现场的材料和构件、配件堆放场地、构件预制的场地以及运输道路的依据。

（1）图示内容。

1）场地四界、道路红线、建筑红线或用地界线的位置。

①道路红线：规划的城市道路路幅的边界线。

②建筑红线：城市道路两侧控制沿街建筑物（如外墙、台阶等）靠临街面的界线，又称建筑控制线。

2）主要建筑物和构筑物的名称、层数、定位（坐标或相互关系尺寸）。

3）广场、停车场、运动场地、道路等的定位。

4）指北针或风玫瑰图。

5）注明设计依据、尺寸单位、比例、坐标及高程系统等。

6）技术经济指标。

总平面图例应符合表 2-1 的规定。

表 2-1　总平面图例

序号	名称	图　例	备　注
1	新建建筑物	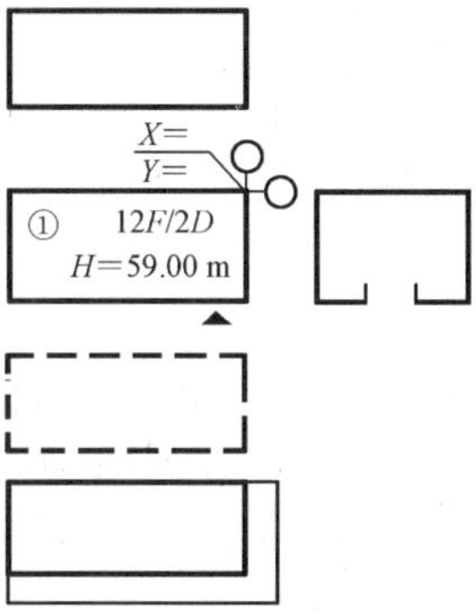 $X=$ $Y=$ ① 12F/2D $H=59.00$ m	新建建筑物以粗实线表示与室外地坪相接处±0.000 外墙定位轮廓线。 建筑物一般以±0.000 高度处的外墙定位轴线交叉点坐标定位。轴线用细实线表示，并标明轴线号。 根据不同设计阶段标注建筑编号，地上、地下层数，建筑高度，建筑出入口位置（两种表示方法均可，但同一图纸采用一种表示方法）。 地下建筑物以粗虚线表示其轮廓。 建筑上部（±0.000 以上）外挑建筑用细实线表示。 建筑物上部连廊用细虚线表示并标注位置

序号	名称	图 例	备 注
2	原有建筑物	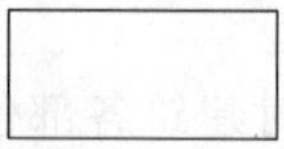	用细实线表示
3	计划扩建的预留地或建筑物		用中粗虚线表示
4	拆除的建筑物	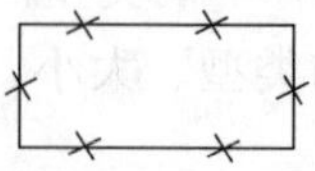	用细实线表示
5	建筑物下面的通道	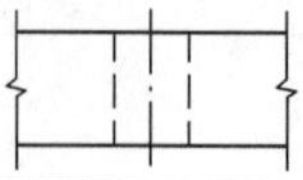	—
6	散状材料露天堆场	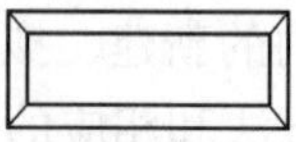	需要时可注明材料名称
7	其他材料露天堆场或露天作业场	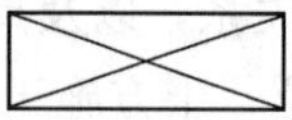	需要时可注明材料名称
8	铺砌场地	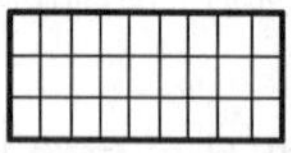	—
9	敞棚或敞廊	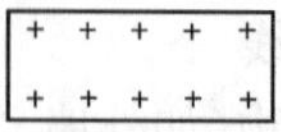	—
10	高架式料仓	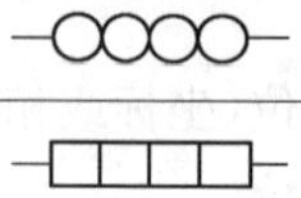	—
11	漏斗式贮仓		左、右图为底卸式 中图为侧卸式
12	冷却塔(池)		应注明冷却塔或冷却池
13	水塔、贮罐	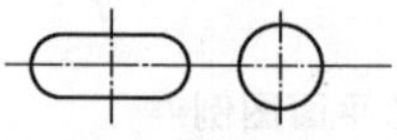	左图为卧式贮罐 右图为水塔或立式贮罐
14	水池、坑槽		也可以不涂黑
15	明溜矿槽(井)	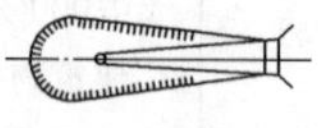	—
16	斜井或平硐	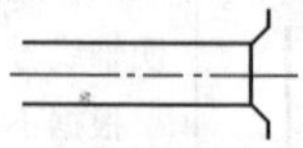	—
17	烟囱		实线为烟囱下部直径,虚线为基础,必要时可注写烟囱高度和上、下口直径
18	围墙及大门	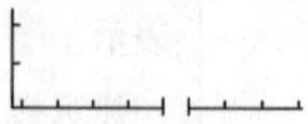	—

序号	名称	图 例	备 注
19	挡土墙	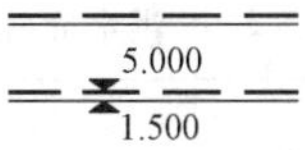 5.000 1.500	挡土墙根据不同设计阶段的需要标注 墙顶标高 墙底标高
20	挡土墙上 设围墙		—
21	台阶及 无障碍坡道	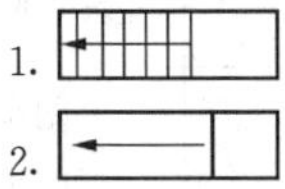 1. 2.	1. 表示台阶(级数仅为示意) 2. 表示无障碍坡道
22	露天桥式 起重机	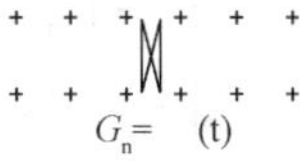 $G_n=$ (t)	起重机起重量 G_n,以 t 计算 "+"为柱子位置
23	露天电动 葫芦	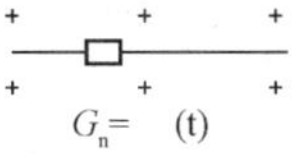 $G_n=$ (t)	起重机起重量 G_n,以 t 计算 "+"为支架位置
24	门式起重机	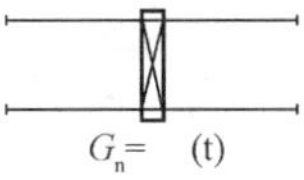 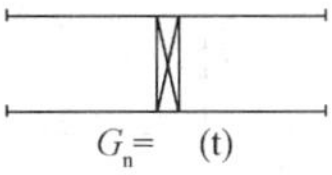 $G_n=$ (t) $G_n=$ (t)	起重机起重量 G_n,以 t 计算 上图表示有外伸臂 下图表示无外伸臂
25	架空索道	 I I	"Ⅰ"为支架位置
26	斜坡 卷扬机道		—
27	斜坡栈桥 (皮带廊等)	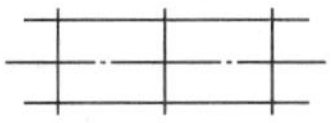	细实线表示支架中心线位置
28	坐标	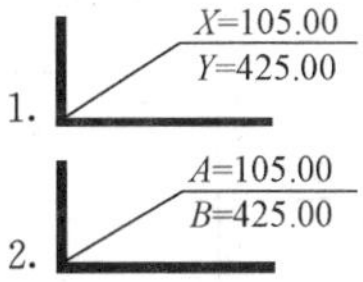 1. $X=105.00$ $Y=425.00$ 2. $A=105.00$ $B=425.00$	1. 表示地形测量坐标系 2. 表示自设坐标系 坐标数字平行于建筑标注
29	方格网 交叉点标高	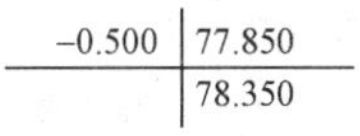 -0.500 | 77.850 78.350	"78.350"为原地面标高 "77.850"为设计标高 "−0.500"为施工高度 "−"表示挖方("+"表示填方)
30	填方区、 挖方区、 未整平区 及零线	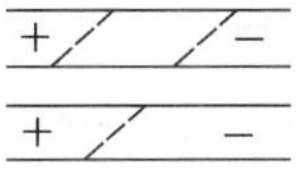 + / − + / −	"+"表示填方区 "−"表示挖方区 中间为未整平区 点划线为零点线
31	填挖边坡		—
32	分水脊线 与谷线	 	上图表示脊线 下图表示谷线

序号	名称	图　例	备　注
33	洪水淹没线	 - - - - - - - - -	洪水最高水位以文字标注
34	地表排水方向		—
35	截水沟	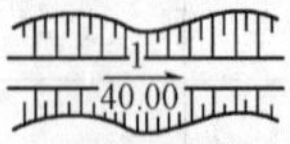 40.00	"1"表示 1‰的沟底纵向坡度，"40.00"表示变坡点间距离，箭头表示水流方向
36	排水明沟	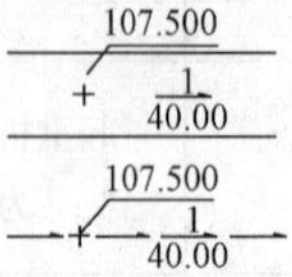 107.500 1/40.00 107.500 1/40.00	上图用于比例较大的图面 下图用于比例较小的图面 "1"表示 1‰的沟底纵向坡度，"40.00"表示变坡点间距离，箭头表示水流方向。 "107.500"表示沟底变坡点标高（变坡点以"＋"表示）
37	有盖板的排水沟	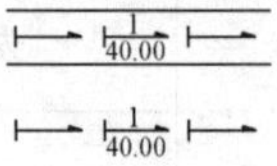 1/40.00 1/40.00	—
38	雨水口	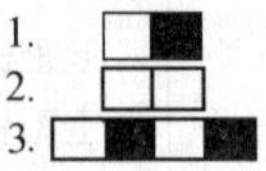 1. 2. 3.	1. 雨水口 2. 原有雨水口 3. 双落式雨水口
39	消火栓井		—
40	急流槽		箭头表示水流方向
41	跌水	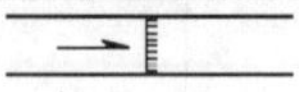	
42	拦水（闸）坝	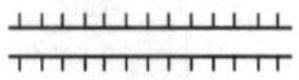	—
43	透水路堤	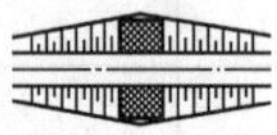	边坡较长时，可在一端或两端局部表示
44	过水路面	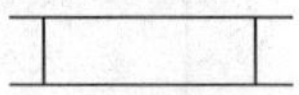	—
45	室内地坪标高	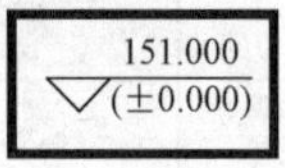 151.000 ▽(±0.000)	数字平行于建筑物书写
46	室外地坪标高	 ▼ 143.000	室外标高也可采用等高线
47	盲道		—
48	地下车库入口	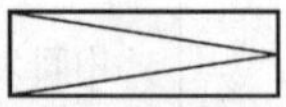	机动车停车场
49	地面露天停车场		—
50	露天机械停车场	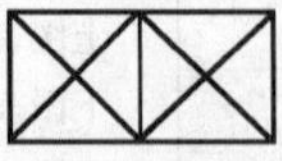	露天机械停车场

（2）识读方法和步骤。以某单位住宅楼总平面图为例说明总平面图的识读方法，如图 2-1 所示。

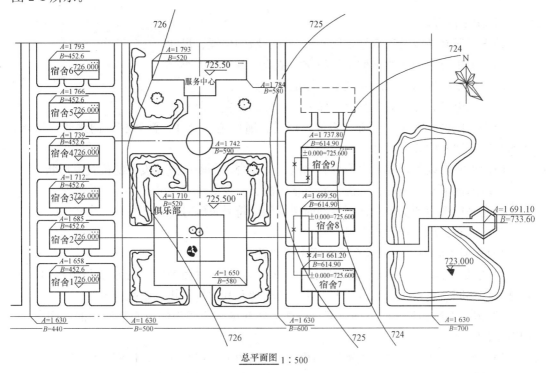

图 2-1　某单位住宅楼总平面图

1）了解图名、比例。该施工图为总平面图，比例 1∶500。

2）了解工程性质、用地范围、地形地貌和周围环境情况。

从图中可知，本次新建 3 栋住宅楼（用粗实线表示），编号分别是 7、8、9，位于一住宅小区，建造层数都为 6 层。新建建筑东面是一小池塘，池塘上有一座小桥，过桥后有一六边形的小厅。新建建筑西面为俱乐部（已建建筑，用细实线表示），一层，俱乐部中间有一天井。俱乐部后面是服务中心，服务中心和俱乐部之间有一花池，花池中心的坐标 $A=1\,742$ m，$B=550$ m，俱乐部西面是已建成的 6 栋 6 层住宅楼。新建建筑北面计划扩建一栋住宅楼（虚线表示）。

3）了解建筑的朝向和风向。本图右上方，是带指北针的风玫瑰图，表示该地区全年以东南风为主导风向。从图中可知，新建建筑的方向坐北朝南。

4）了解新建建筑的准确位置。图中新建建筑采用建筑坐标定位方法，坐标网格 100 m×100 m，所有建筑对应的两个角全部用建筑坐标定位，从坐标可知原有建筑和新建建筑的长度和宽度。如服务中心的坐标分别是 $A=1\,793$、$B=520$ 和 $A=1\,784$、$B=580$，表示服务中心的长度为 $580-520=60$（m），宽度为 $1\,793-1\,784=9$（m）。新建建筑中 7 号宿舍的坐标分别为 $A=1661.20$、$B=614.90$ 和 $A=1\,646$、$B=649.60$，表示本次新建建筑的长度为 $649.6-614.9=34.70$（m），宽度为 $1\,661.20-1\,646=15.2$（m）。

27

2.1.3 识读建筑平面图

(1)图示内容。

1)表示所有轴线及其编号，以及墙、柱、墩的位置、尺寸。

2)表示出所有房间的名称及其门窗的位置、编号与大小。

3)注出室内外的有关尺寸及室内楼地面的标高。

4)表示电梯、楼梯的位置及楼梯上下行方向及主要尺寸。

5)表示阳台、雨篷、台阶、斜坡、烟道、通风道、管井、消防梯、雨水管、散水、排水沟、花池等位置及尺寸。

6)画出室内设备，如卫生器具、水池、工作台、隔断及重要设备的位置、形状。

7)表示地下室、地坑、地沟、墙上预留洞、高窗等位置尺寸。

8)在底层平面图上还应该画出剖面图的剖切符号及编号。

9)标注有关部位的详图索引符号。

10)底层平面图左下方或右下方画出指北针。

11)屋顶平面图上一般应表示出：女儿墙、檐沟、屋面坡度、分水线与雨水口、变形缝、楼梯间、水箱间、天窗、上人孔、消防梯及其他构筑物、索引符号等。

(2)识读方法和步骤。下面以某单位住宅楼底层平面图为例说明平面图的读图方法，如图 2-2 所示。

1)了解平面图的图名、比例。从图中可知该图为底层平面图，比例 1：100。

2)了解建筑的朝向。从指北针得知该住宅楼是坐北朝南的方向。

3)了解建筑的平面布置。该住宅楼横向定位轴线 13 根，纵向定位轴线 6 根，共有两个单元，每单元两户，其户型相同，每户住宅有南、北两个卧室，一个客厅(阳面)、一间厨房、一个卫生间，一个阳台(凹阳台)、楼梯间有两个管道井。轴线外面 750 mm×600 mm 的小方格表示室外空调机的搁板。

4)了解建筑平面图上的尺寸。建筑平面图上标注尺寸均为未经装饰的结构表面尺寸。了解平面图所注的各种尺寸，并通过这些尺寸了解房屋的占地面积、建筑面积、房间的使用面积，平均面积利用系数 K。建筑占地面积为首层外墙外边线所包围的面积。如该建筑占地面积 $34.70×15.20=527.44(m^2)$。

使用面积是指建筑物各层平面布置中可直接为生产或生活使用的净面积总和；建筑面积是指各层建筑外墙结构的外围水平面积之和。包括使用面积、辅助面积和结构面积。

$$平面面积利用系数 K=使用面积/建筑面积×100\%$$

建筑平面图上的尺寸分为内部尺寸和外部尺寸。内部尺寸说明房间的净空大小和室内的门窗洞、孔洞、墙厚和固定设备(如厕所、盥洗室等)的大小位置。如图 2-2 中 D−1、D−2(洞 1、洞 2)距离 Ⓔ 轴线为 1 000 mm，D−3(洞 3)距离门边为 1 000 mm，卫生间隔墙距离 ① 轴线 2 400 mm，这些都是定位尺寸，其他详细尺寸在后面的详图(单元平面图中)将详细地反映。

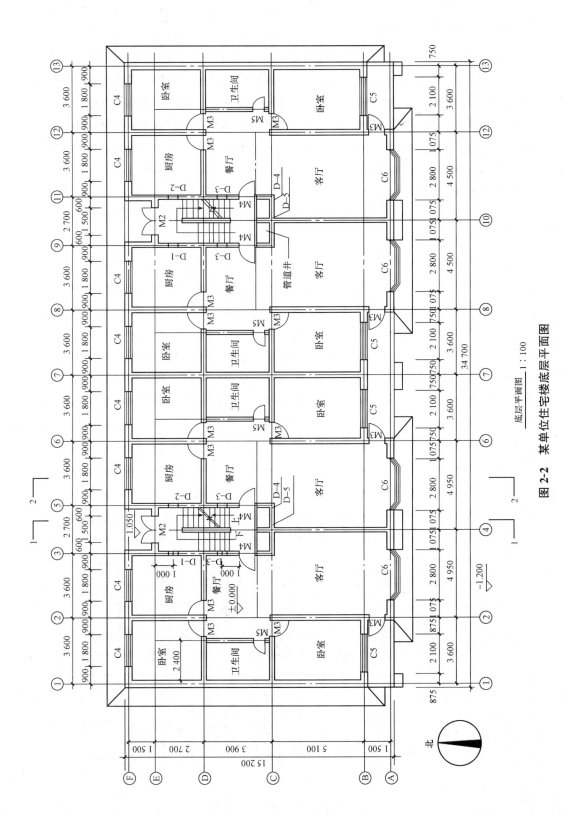

底层平面图 1:100

图 2-2 某单位住宅楼底层平面图

2.1.4 识读建筑立面图

(1)图示内容。

1)画出从建筑物外可以看见的室外地面线、房屋的勒脚、台阶、花池、门、窗、雨篷、阳台、室外楼梯、墙体外边线、檐口、屋顶、雨水管、墙面分格线等内容。

2)注出建筑物立面上的主要标高。如室外地面的标高、台阶表面的标高、各层门窗洞口的标高、阳台、雨篷、女儿墙顶、屋顶水箱间及楼梯间屋顶的标高。

3)注出建筑物两端的定位轴线及其编号。

4)注出需要详图表示的索引符号。

5)用文字说明外墙面装修的材料及其做法。如立面图局部需画详图时应标注详图的索引符号。

为了使建筑立面图主次分明,有一定的立体感,通常将建筑物外轮廓和较大转折处轮廓的投影用粗实线表示;外墙上突出、凹进部位如壁柱、窗台、楣线、挑檐、门窗洞口等的投影用中粗实线表示;门窗的细部分格以及外墙上的装饰线用细实线表示;室外地坪线用加粗实线表示。门窗的细部分格在立面图上每层的不同类型只需画一个详细图样,其他均可简化画出,即只需画出它们的轮廓和主要分格。阳台栏杆和墙面复杂的装修,往往难以详细表示清楚,一般只画一部分,剩余部分简化表示即可。

房屋立面如有部分不平行于投影面,例如部分立面呈弧形、折线型、曲线型等,可将该部分展开至与投影面平行,再用投影法画出其立面图,但应在该立面图图名后注写"展开"二字。

(2)识读方法和步骤。下面以某单位住宅楼立面图为例说明立面图的识读方法,如图2-3、图2-4所示。

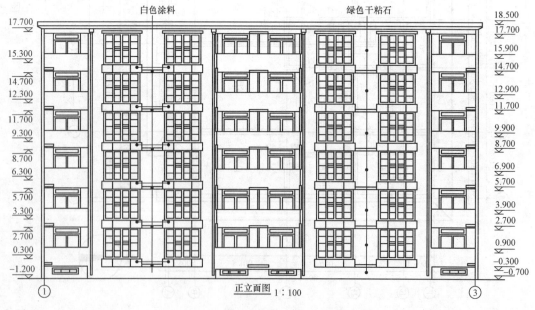

图2-3 某单位住宅楼正立面图

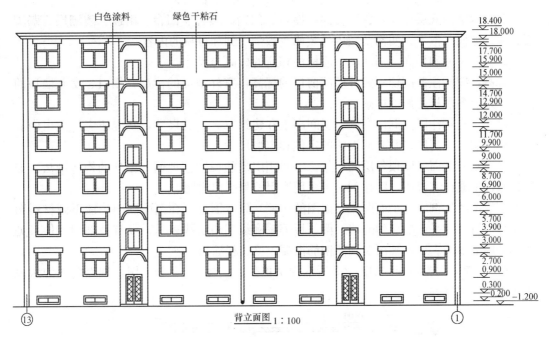

图 2-4　某单位住宅楼背立面图

1）从正立面图上了解该建筑的外貌形状，并与平面图对照，深入了解屋面、名称、雨篷、台阶等细部形状及位置。从图中可知，该住宅楼为六层，客厅窗为外飘窗，窗下墙呈八字形，相邻两户客厅的窗下墙之间装有空调室外机的搁板，每两卧室窗上方也装有室外空调机搁板。屋面为平屋面。

2）从立面图上了解建筑的高度。从图中看到，在立面图的左侧和右侧都注有标高，从左侧标高可知室外地面标高为−1.200 m，室内标高为±0.000 m，室内外高差为1.2 m，一层客厅窗台标高为0.300 m，窗顶标高为2.700 m，表示窗洞高度为2.4 m，二层客厅窗台标高为3.300 m，窗顶标高为5.700 m，表示二层的窗洞高度为2.4 m，依次相同。从右侧标高可知地下室窗台标高为−0.700 m，窗顶标高为−0.300，得知地下室窗高0.4 m，一层卧室窗台标高为0.900 m，窗顶标高为2.700 m，知卧室窗高1.8 m，以上各层相同，屋顶标高18.5 m，表示该建筑的总高为18.5+1.2=19.7 m。

3）了解建筑物的装修做法。从图中可知建筑以绿色干粘石为主，只在飘窗下以及空调机搁板处刷白色涂料。

4）了解立面图上的索引符号的意义。

5）了解其他立面图。如图2-4所示为背立面图，从图中可知该立面上主要反映各户阴面次卧室的外窗和厨房的外窗以及楼梯间的外窗与其造型。

6）建立建筑物的整体形状。读完平面图和立面图，应建立该住宅楼的整体形状，包括形状、高度、装修的颜色、质地等。

2.1.5　识读建筑剖面图

（1）图示内容。

1）表示被剖切到的墙、梁及其定位轴线。

2)表示室内底层地面，各层楼面、屋顶、门窗、楼梯、阳台、雨篷、防潮层、踢脚板、室外地面、散水、明沟及室内外装修等被剖切到和可见的内容。

3)标注尺寸和标高。剖面图中应标注相应的标高与尺寸。

标高：应标注被剖切到的外墙门窗口的标高，室外地面的标高，檐口、女儿墙顶的标高，以及各层楼地面的标高。

尺寸：应标注门窗洞口高度、层间高度和建筑总高三道尺寸，室内还应标注出内墙体上门窗洞口的高度以及内部设施的定位和定形尺寸。

4)表示楼地面、屋顶各层的构造，一般用引出线说明楼地面、屋顶的构造做法。如果另画详图或已有说明，则在剖面图中用索引符号引出说明。

剖面图的比例应与平面图、立面图的比例一致，因此，在剖面图中一般不画材料图例符号，被剖切平面剖切到的墙、梁、板等轮廓线用粗实线表示，没有被剖切到但可见的部分用细实线表示，被剖切到的钢筋混凝土梁、板涂黑。

(2)识读方法和步骤。如图 2-5 所示为某单位住宅楼 2—2 剖面图，现以此图为例说明剖面图的识读方法。

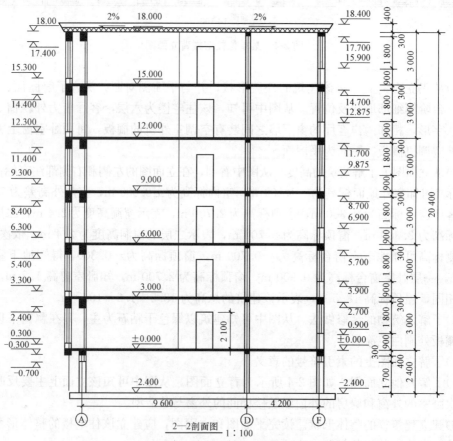

图 2-5 某单位住宅楼 2—2 剖面图

1)先了解剖面图的剖切位置与编号，从底层平面图上可以看到 2—2 剖面图的剖切位置在⑤～⑥轴线之间，断开位置从客厅、餐厅到厨房，切断了客厅的飘窗和厨房的外窗。

2）了解被剖切到的墙体、楼板和屋顶，从图中看到，被剖切到的墙体有轴线墙体、轴线墙体和轴线的墙体，以及其上的窗洞。屋面排水坡度为 2%，以及挑檐的形状。

3）了解可见的部分，2—2 剖面图中可见部分主要是入户门，门高 2 100 mm，门宽在平面图上表示，为 900 mm。

4）了解剖面图上的尺寸标注。从左侧的标高可知飘窗的高度，从右侧的标高可知厨房外窗的高度。建筑物的层高为 3 000 mm，从地下室到屋顶的高度为 20.4 m。

2.1.6　识读建筑详图

建筑详图主要表达建筑物一些细部（节点）的详细构造，如形状、层次、尺寸、材料和做法等。其包括建筑构配件详图和剖面节点详图。

一幢房屋施工图通常需绘制的详图有：外墙剖面详图、楼梯详图及门窗详图、室内外一些构配件的详图。

1. 识读外墙身详图

（1）图示内容。

1）墙身的定位轴线及编号，墙体的厚度、材料及其本身与轴线的关系。

2）勒脚、散水节点构造。主要反映墙身防潮做法、首层地面构造、室内外高差、散水做法，一层窗台标高等。

3）标准层楼层节点构造。主要反映标准层梁、板等构件的位置及其与墙体的联系，构件表面抹灰、装饰等内容。

4）檐口部位节点构造。主要反映檐口部位包括封檐构造（如女儿墙或挑檐）、圈梁、过梁、屋顶泛水构造、屋面保温、防水做法和屋面板等结构构件。

5）图中的详图索引符号等。

（2）识读方法和步骤。图 2-6 所示为外墙身详图，现以此图为例说明详图的识读方法。

1）该墙体为Ⓐ轴外墙、厚度 370 mm。

2）室内外高差为 0.3 m，墙身防潮采用 20 mm 防水砂浆，设置于首层地面垫层与面层交接处，一层窗台标高为 0.9 m，首层地面做法从上至下依次为 20 厚 1:2 水泥砂浆面层，20 厚防水砂浆一道，60 厚混凝土垫层，素土夯实。

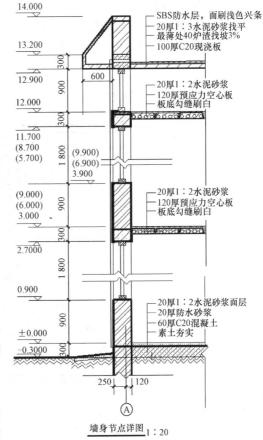

墙身节点详图 1:20

图 2-6　外墙身详图

3）标准层楼层构造为 20 厚 1:2 水泥砂浆面层，120 厚预应力空心楼板，板底勾缝刷白；120 厚预应力空心楼板搁置于横墙上；标准层楼层标高分别为 3 m、6 m、9 m。

4) 屋顶采用架空 900 mm 高的通风屋面，下层板为 120 厚预应力空心楼板，上层板为 100 厚 C20 现浇钢筋混凝土板；采用 SBS 柔性防水，刷浅色涂料保护层；檐口采用外天沟，挑出 600 mm，为了使立面美观，外天沟用斜向板封闭，并外贴金黄色琉璃瓦。

2. 识读楼梯详图

(1) 图示内容。

1) 楼梯详图主要表示楼梯的类型和结构形式。楼梯是由楼梯段、休息平台、栏杆或栏板组成。楼梯详图主要表示楼梯的类型、结构形式、各部位的尺寸及装修做法等，是楼梯施工放样的主要依据。

2) 楼梯详图一般分建筑详图与结构详图，应分别绘制并编入建筑施工图和结构施工图中。对于一些构造和装修较简单的现浇钢筋混凝土楼梯，其建筑详图与结构详图可合并绘制，编入建筑施工图或结构施工图。

3) 楼梯的建筑详图一般有楼梯平面图、楼梯剖面图以及踏步和栏杆等节点详图。

(2) 识读方法和步骤。

1) 楼梯平面图，如图 2-7 所示。

① 了解楼梯或楼梯间在房屋中的平面位置。

② 熟悉楼梯段、楼梯井和休息平台的平面形式、位置、踏步的宽度和踏步的数量。

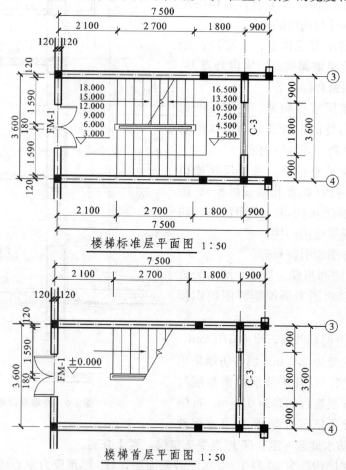

图 2-7 楼梯平面图 (一)

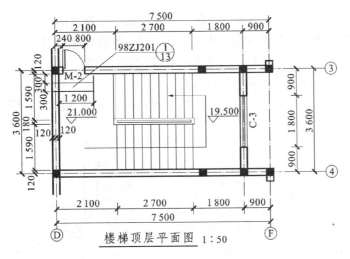

楼梯顶层平面图 1:50

图2-7 楼梯平面图(二)

③了解楼梯间处的墙、柱、门窗平面位置及尺寸。

④看清楼梯的走向以及楼梯段起步的位置。楼梯的走向用箭头表示。

⑤了解各层平台的标高。

⑥在楼梯平面图中了解楼梯剖面图的剖切位置。

2)楼梯剖面图,如图2-8所示。

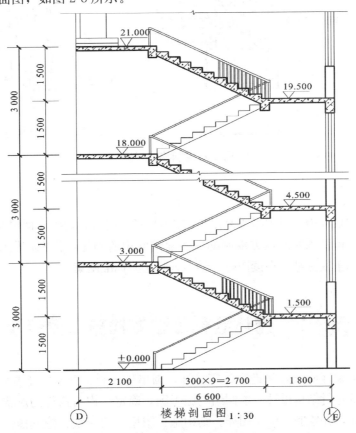

楼梯剖面图 1:30

图2-8 楼梯剖面图

①了解楼梯的构造形式。如图 2-8 所示，该楼梯为双跑楼梯，现浇钢筋混凝土制作。

②熟悉楼梯在竖向和进深方向的有关标高、尺寸和详图索引符号。

③了解楼梯段、平台、栏杆、扶手等相互间的连接构造。

④明确踏步的宽度、高度及栏杆的高度。

3) 楼梯节点详图，如图 2-9 所示。楼梯节点详图一般包括踏步、栏杆、扶手详图和梯段与平台处的节点构造详图。

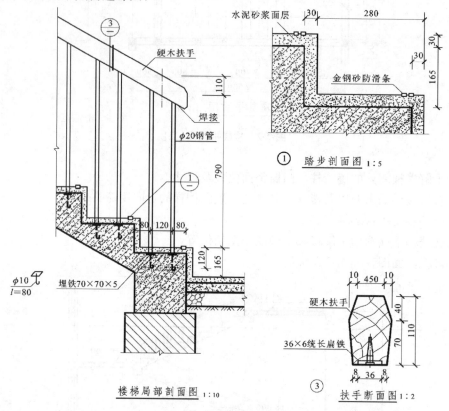

图 2-9　楼梯节点详图

3. 其他详图

在建筑结构设计中，对大量重复出现的构配件(如门窗、台阶、面层)做法等，通常采用标准设计，即由国家或地方编制的一般建筑常用的构配件详图，供设计人员选用，以减少不必要的重复劳动。在读图时要学会查阅这些标准图集。

学习单元2.2　砌体结构工程结构施工图识读

在施工图的设计阶段，除进行建筑设计，画出建筑施工图外，还要对房屋的基础、楼板、梁、柱等进行结构设计，绘制结构施工图，确定结构与构件的形状、大小、材料构成及施工要求，并绘制出施工图样。结构施工图用于放灰线、挖基槽、安装模板、配置钢筋、浇灌混凝土等施工过程，也是计算工程量、编制预算和施工进度计划的依据。

砌体结构工程结构施工图识读的基本步骤为：①了解结构方面的相关内容；②识读结构设计说明；③识读结构平面布置图；④识读结构构件详图。

2.2.1 了解结构方面的相关内容

(1)结构构造要求及结构布置方案。

1)结构构造要求。

①墙、柱的高厚比：墙、柱的高厚比 β 是衡量砌体长细程度的指标，等于墙、柱计算高度 H_0 与其厚度 h 之比。

②构造柱与圈梁的设置：采用构造柱、圈梁等措施提高砌体结构的稳定性。

2)结构布置方案：墙体布置与房屋的使用功能和房间大小有关，而且影响整个建筑物的刚度。

(2)钢筋混凝土结构。

1)钢筋混凝土结构构件：为了更好地发挥钢筋、混凝土的受力性能，常在混凝土构件的受拉区或相应部位加入一定量的钢筋，使两种材料粘结成一整体，共同承受外力。

用钢筋混凝土捣制成的梁、板、柱、基础等构件，称为钢筋混凝土构件。有现浇和预制两种。砌体结构中一般为预制板，梁、柱为现浇。

2)材料性能。

①混凝土：混凝土是指由水泥、水、粗集料(碎石、卵石)、细集料、砂石等材料按一定配合比，经混合搅拌，入模浇捣并养护硬化后形成的人工石材。

混凝土的供应有现场拌制和商品混凝土两种，砌体结构的混凝土需求量不是很大，现在以现场拌制的应用比较多。

②钢筋：砌体结构工程使用的钢筋，应符合设计要求及现行国家标准的规定。

3)梁、板、柱中钢筋的名称，如图 2-10 所示。

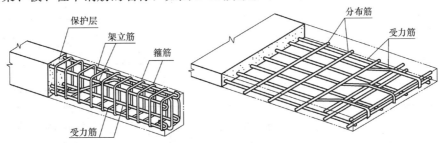

图 2-10 梁板中的主要钢筋

①受力钢筋：主要承受拉、压应力的钢筋。

②箍筋：承受剪力或扭力的钢筋。箍筋通过绑扎或焊接把其他钢筋联系在一起，形成一个空间钢筋骨架。

③架立钢筋：用来固定箍筋的正确位置和形成钢筋骨架，还可承受因温度变化和混凝土收缩而产生的应力，防止发生裂缝。

④分布钢筋：用于屋面板、楼板内，它与板的受力筋垂直布置，并固定受力筋的位置，构成钢筋的骨架，将受力的重量均匀地传给受力筋。

⑤构造钢筋：因构件的构造要求和施工安装需要配置的钢筋，如腰筋、预埋锚固

筋、吊环等。

(3)常用构件代号、钢筋图示方法及钢筋尺寸标注法。

1)常用构件代号，见表 2-2。

表 2-2　常用构件代号

序号	名称	代号	序号	名称	代号	序号	名称	代号
1	板	B	11	过梁	GL	21	柱	Z
2	屋面板	WB	12	连系梁	LL	22	框架柱	KZ
3	空心板	KB	13	基础梁	JL	23	构造柱	GZ
4	槽形板	CB	14	楼梯梁	TL	24	桩	ZH
5	楼梯板	TB	15	框架梁	KL	25	挡土墙	DQ
6	盖板	GB	16	屋架	WJ	26	地沟	DG
7	梁	L	17	框架	KJ	27	梯	T
8	屋面梁	WL	18	刚架	GJ	28	雨篷	YP
9	吊车梁	DL	19	支架	ZJ	29	阳台	YT
10	圈梁	QL	20	基础	J	30	预埋件	M

2)钢筋图示方法，见表 2-3。

表 2-3　钢筋图示方法

序号	名　称	图　例
1	钢筋横断面	●
2	无弯钩的钢筋端部	
3	带直钩的钢筋端部	
4	带丝扣的钢筋端部	
5	带半圆形弯钩的钢筋端部	
6	无弯钩的钢筋搭接	
7	带直钩的钢筋搭接	
8	带半圆弯钩的钢筋搭接	

3)钢筋尺寸标注方法，如图 2-11、图 2-12 所示。

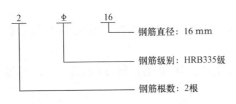

图 2-11 梁内受力筋和架力筋标注方法

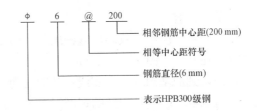

图 2-12 梁内箍筋和板内钢筋标注方法

2.2.2 识读结构设计说明

(1)了解工程概况。

(2)查看设计依据。

(3)查看材料的选用。

(4)熟知砌体的构造要求。

(5)查看施工要求。

2.2.3 识读结构平面布置图

结构平面布置图是房屋承重结构的整体布置图，它表示承重构件的类型、位置、数量、相互关系与钢筋的配置。

(1)识读基础平面布置图。放灰线、挖基坑、砌筑或浇捣基础等工作，都要根据基础平面图及基础详图进行。基础平面布置示例，如图 2-13 所示。

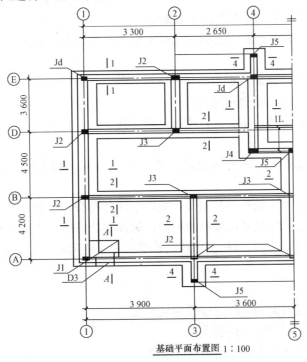

基础平面布置图 1:100

图 2-13 基础平面布置图

1)图示内容。

①基础平面图中,只画出基础墙(或柱)及其基础底面的轮廓线,基础的细部轮廓将具体反映在基础详图中。

②剖切到的基础墙:中实线;基础底面:细实线;可见梁:粗实线(单线);不可见梁:粗虚线(单线);剖切到的钢筋混凝土柱:涂黑。

③基础的定形尺寸即基础墙的宽度、柱外形尺寸以及它们的基础底面尺寸。

④基础的定位尺寸就是基础墙(或柱)的轴线尺寸。

2)识读方法。

①图名:了解是哪个工程的基础,绘图比例是多少。

②纵横定位轴线编号:注意与房屋平面图对照。

③基础墙、柱以及基础底面的形状、大小尺寸及其与轴线的关系。基础梁的位置和代号。基础平面图中剖切线及其编号(或注写的基础代号)。

④施工说明:从中了解施工时对基础材料及其强度等的要求。

(2)识读基础详图。条形基础详图示例,如图 2-14 所示。

1)图示内容。

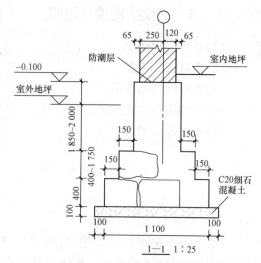

图 2-14　条形基础详图

①基础断面形状的细部构造按正投影法绘制,如垫层、砖基础的大放脚、钢筋混凝土基础的杯口等;砌体材料宜画出材料图例符号。

②钢筋混凝土独立基础除画出基础的断面图外,有时还要画出基础的平面图,并在平面图中采用局部剖面表达底板配筋。

③基础详图的轮廓线:中实线;钢筋:粗实线。

2)识读方法。

图名常用1—1、2—2、……断面或用基础代号表示。基础详图常用1∶20 或 1∶40的比例绘制。

熟读:基础断面图中轴线及其编号;基础断面各部分详细尺寸和室内外地面;基础断面图中基础梁的高、宽尺寸或标高及配筋;防潮层的标高尺寸及做法;施工图说明。

(3)识读楼层结构平面布置图。楼层结构平面布置图示例,如图 2-15 所示。

1)图示内容。

①图名、比例。

细实线——可见的钢筋混凝土楼板的轮廓线;

中实线——剖切到的墙身轮廓线;

中虚线——楼板下面不可见的墙身轮廓线;

涂黑——剖切到的钢筋混凝土柱子。

②现浇楼板 XB 的配筋;预制板的代号及铺设。

③圈梁、过梁和梁 L—1 的断面形状、大小和配筋，梁底的结构标高。圈梁只画出轮廓线和标注 QL。

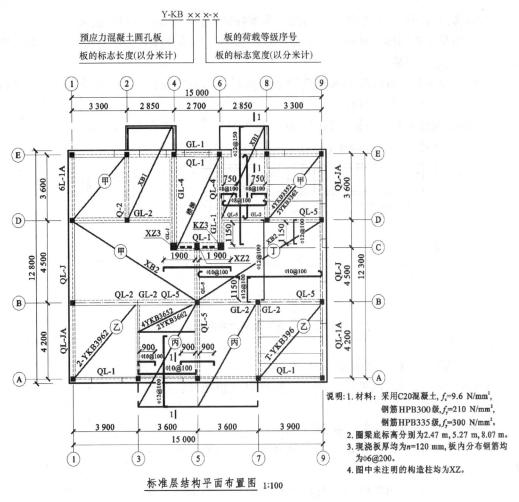

图 2-15 楼层结构平面布置图

2)识读方法。

①图名、比例。

②轴线、预制板的平面布置及其编号。

③板的代号，现浇板钢筋的布置(位置及标注)。

④梁、柱的位置及其编号。

(4)识读屋面结构平面图。平屋顶与楼层的结构布置的不同之处：

①平屋顶的楼梯间，满铺屋面板。

②带挑檐的平屋顶有檐板。

③平屋顶有检查孔和水箱间。

④楼层中的厕所小间用现浇钢筋混凝土板，而屋顶则可用通长的空心板。

⑤平屋顶上有烟囱、通风道的预留孔。

2.2.4 识读结构构件详图

结构构件详图包括模板图、配筋图、预埋件详图及钢筋表(材料用量表)。

配筋图是主要图样,又可分为立面图、断面图和钢筋详图,表示构件内部钢筋的配置(形状、数量、规格)。

模板图是表示构件外形和预埋件位置的图样,图中标注构件的外形尺寸(也称模板尺寸)和预埋件型号及其定位尺寸。

(1)钢筋混凝土梁,包括立面图、断面图和钢筋详图,如图 2-16 所示。

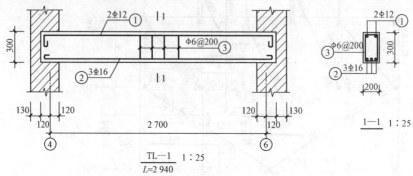

图 2-16 钢筋混凝土梁配筋图

(2)钢筋混凝土柱,如图 2-17 所示。

1)模板图。表示柱的外形、尺寸、标高以及预埋件位置的图样。

2)配筋图。包括立面图、断面图。

3)预埋件详图。表示预埋件的形状和尺寸,以及各预埋件锚固钢筋。

4)钢筋表。列出钢筋混凝土柱构件中所有钢筋的编号、规格、形状等信息。

(3)钢筋混凝土板。

1)钢筋混凝土预制楼板配筋。预制钢筋混凝土板一般采用标准图集中的构件,一般不画构件详图,施工时根据标注的型号和标准图集查阅板的尺寸、配筋情况,如图 2-18 所示。

2)钢筋混凝土板配筋。单向板和双向板。如图 2-19 所示。

3)墙内的板面附加钢筋。嵌固在承重墙内的板,由于支座处受砖墙的约束,将产生负弯矩,因此,在平行墙面方向会产

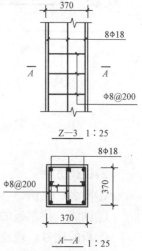

图 2-17 钢筋混凝土柱
配筋图

生裂缝,在板角部分也会产生斜向裂缝。为防止上述裂缝,对嵌固在承重墙内的现浇板,在板的上部应配置构造钢筋。

(4)楼梯。

1)楼梯结构平面图。钢筋混凝土楼梯的不可见轮廓线:细虚线;可见轮廓线:细实线;剖切到的砖墙轮廓线:中实线。

2)楼梯结构剖视图。应注出楼层高度及楼梯平台的高度,均不包括面层厚度,用楼

梯梁顶面的结构标高标注，还需注出楼梯梁的梁底和平台板的结构标高。

3)配筋图。在配筋图中不能清楚地表示钢筋的布置，则在配筋图外面增加钢筋大样图（即钢筋详图），如图 2-20 所示。

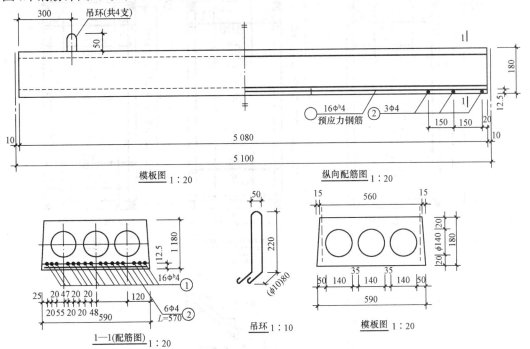

图 2-18　预制板配筋图

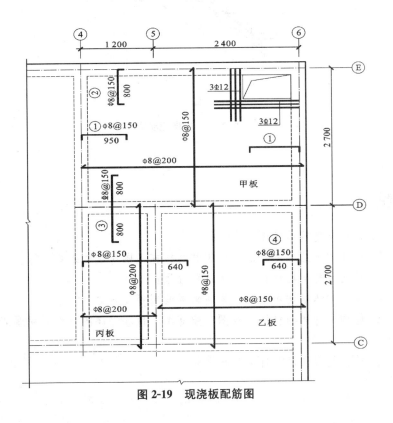

图 2-19　现浇板配筋图

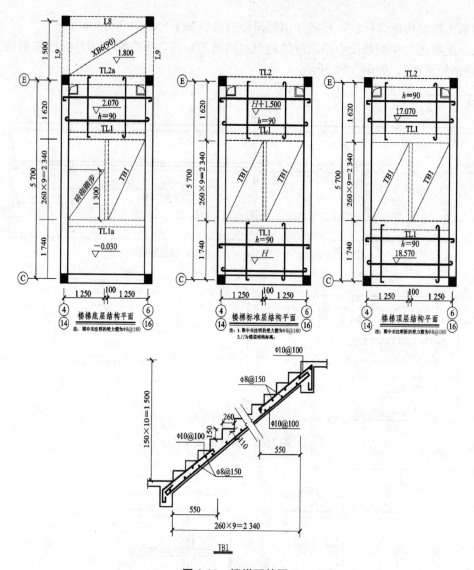

图 2-20　楼梯配筋图

思 考 题

1. 什么是建筑施工图?

2. 简述砌体结构土建工程建筑和结构施工图识读的基本步骤。

3. 什么是建筑红线? 什么是道路红线?

4. 一栋砌体结构房屋施工图通常要绘制哪几种详图?

5. 结构构件详图包括模板图、配筋图、预埋件详图及材料用量表,什么是模板图?

6. 什么是架立筋? 什么是构造筋?

识读砌体结构施工图

1. 目的

通过本次实训，熟练识读砌体结构施工图。

2. 作业条件

某住宅楼施工图见附图。

3. 操作过程

按前述施工图的识读步骤进行。

4. 标准要求

能熟练识读该施工图，并用以指导施工实际工程。

5. 注意事项

(1)各专业之间的相互关系。

(2)结合图纸会审。

学习情境 3
脚手架施工及垂直运输设施认知

任务目标 >>>

　　1. 通过学习与实训能组织常用脚手架(扣件式钢管脚手架、碗扣式钢管脚手架、门式脚手架、型钢悬挑脚手架)的施工。

　　2. 通过学习与实训能对脚手架、垂直运输设施进行常规的安全检查。

　　3. 通过学习与实训能具备现场施工员和监理员的工作能力。

　　4. 通过学习与实训具备脚手架工程施工所必需的基本职业素养。

知识链接 >>>

>>> 学习单元 3.1　扣件式钢管脚手架施工

　　脚手架(也称鹰架)是建筑工程施工时搭设的一种临时设施。脚手架的用途主要是为建筑物空间作业时提供材料堆放和工人施工作业的场所。脚手架的各项性能(构造类型、装拆速度、安全可靠性、周转率、多功能性、经济合理性等)直接影响工程质量、施工安全和劳动生产率。脚手架按搭设位置可分为外脚手架和里脚手架两大类;按搭设和支撑方式可分为多立杆式、碗扣式、门式、悬挑式、爬升式脚手架等。

　　脚手架可用木、竹和钢管等材料制作。

　　脚手架的宽度和面积、步距高度、与墙距离等应能满足工人操作、材料堆放和运输要求;有足够的强度、刚度、稳定性;构造简单、装拆和搬运方便,能够多次周转使用;因地制宜,就地取材,经济合理等。

3.1.1　扣件式钢管脚手架施工

　　扣件式钢管脚手架是指为建筑施工而搭设的、承受荷载的由扣件和钢管等构成的脚手架与支撑架,统称脚手架。支撑架是为钢结构安装或浇筑混凝土构件等搭设的承力支架。

1. 扣件式钢管脚手架的构造

(1)构配件。构配件是用于搭设脚手架的各种钢管、扣件、脚手板、安全网等材料的统称。

1)钢管。脚手架钢管应采用现行国家标准《直缝电焊钢管》(GB/T 13793—2008)或《低压流体输送用焊接钢管》(GB/T 3091—2008)中规定的 Q235 普通钢管;钢管的钢材质量应符合现行国家标准《碳素结构钢》(GB/T 700—2006)中 Q235 级钢的规定。

钢管宜采用 $\phi 48.3 \times 3.6$ mm 钢管。每根钢管的最大质量不应大于 25.8 kg。

2)扣件。采用螺栓紧固的扣接连接件为扣件。扣件应采用可锻铸铁或铸钢制作,其质量和性能应符合现行国家标准《钢管脚手架扣件》(GB 15831—2006)的规定。采用其他材料制作的扣件,应经试验证明其质量符合该标准的规定后方可使用。

扣件在螺栓拧紧扭力矩达到 65 N·m 时,不得发生破坏。扣件用于钢管之间连接的基本形式有对接扣件、旋转扣件、直角扣件三种,如图 3-1 所示。对接扣件用于两根钢管的对接连接;旋转扣件用于两根钢管呈任意角度交叉的连接;直角扣件用于两根钢管呈垂直交叉的连接。

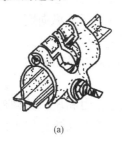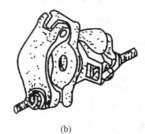

(a)   (b)   (c)

图 3-1　扣件形式

(a)对接扣件;(b)旋转扣件;(c)直角扣件

3)脚手板。脚手板可采用钢、木、竹材料制作,单块脚手板的质量不宜大于 30 kg。木脚手板采用杉木或松木制作,厚度不应小于 50 mm,两端各设置两道镀锌钢丝箍(直径 4 mm)。冲压钢脚手板应有防滑措施。

冲压钢脚手板的材质应符合现行国家标准《碳素结构钢》(GB/T 700—2006)中 Q235 级钢的规定。木脚手板材质应符合现行国家标准《木结构设计规范》(GB 50005—2003)中 Ⅱa 级材质的规定。脚手板厚度不应小于 50 mm,两端宜各设置直径不小于 4 mm 的镀锌钢丝箍两道。竹脚手板宜采用由毛竹或楠竹制作的竹串片板、竹笆板;竹串片脚手板应符合现行行业标准《建筑施工木脚手架安全技术规范》(JGJ 164—2008)的相关规定。

4)安全网。安全网应符合现行国家标准《安全网》(GB 5725—2009)的规定。

5)可调托撑。可调托撑是指插入立杆钢管顶部,可调节高度的顶撑。可调托撑螺杆外径不得小于 36 mm,直径与螺距应符合现行国家标准《梯形螺纹　第 2 部分:直径与螺距系列》(GB/T 5796.2—2005)、《梯形螺纹　第 3 部分:基本尺寸》(GB/T 5796.3—2005)的规定。可调托撑的螺杆与支托板焊接应牢固,焊缝高度不得小于 6 mm;可调托撑螺杆与螺母旋合长度不得少于 5 扣,螺母厚度不得小于 30 mm。可调托撑抗压承载力设计值不应小于 40 kN,支托板厚不应小于 5 mm。

(2)构造要求。钢管落地脚手架主要由钢管和杆件组成。主要杆件有立杆、纵向水平杆、横向水平杆、剪刀撑和底座等。

1)立杆。又称站杆。它平行于建筑物并垂直于地面，是把脚手架荷载传递给基础的受力杆件。其作用是将脚手架上所堆放的物件和操作人员的全部荷载，通过底座或垫板传到地基上。通常，立杆纵距 $l_a \leqslant 1.5$ m；立杆横距 $l_b \leqslant 1.05$ m；内立杆与墙面的距离为 0.5 m；搭设高度 $H > 50$ m 时，另行计算。

2)纵向水平杆。又称顺水(大横杆)。它平行于建筑物并布置在立杆内侧纵向连接各立杆，是承受并传递荷载给立杆的受力杆件。其作用是与立杆连成整体，将脚手板上的堆放物料和操作人员的荷载传到立杆上。通常，纵向水平杆步距 $h \leqslant 1.8$ m；宜根据安全网的宽度，取 1.5 m 或 1.8 m；搭设高度 $H > 50$ m 时，另行计算。

3)横向水平杆。又称架拐(小横杆)。它垂直于建筑物并在横向水平连接内、外排立杆，是承受并传递荷载给纵向水平杆(北方)或立杆(南方)的受力杆件。其作用是直接承受脚手板上的荷载，并将其传到纵向水平杆(北方)或立杆(南方)上。通常，操作层横向水平杆间距 $s \leqslant 1.0$ m。

4)剪刀撑。又称十字盖。它设置在脚手架外侧面，用旋转扣件与立杆连接，形成墙面平行的十字交叉斜杆。其作用是把脚手架连成整体，增加脚手架的纵向刚度。当脚手架高度 $H < 24$ m 时，在侧立面的两端均应设置，中间每隔 15 m 设一道剪刀撑；每道剪刀撑的宽度 $\geqslant 4$ 跨且 $\geqslant 6$ m，斜杆与地面呈 $45° \sim 60°$ 夹角。当双排脚手架 $H \geqslant 24$ m 时，应在外侧立面整个长度上连续设置剪刀撑。

5)连墙件。将脚手架架体与建筑主体结构连接，能够传递拉力和压力的构件。宜优先采用菱形布置，连墙件的设置应符合表 3-1 的规定。其作用是不仅防止架子外倾，同时增加立杆的纵向刚度。

表 3-1　连墙件布置最大间距

搭设方法	高度	竖向间距 h	水平间距 l_a	每根连墙件覆盖面积/m²
双排落地	$\leqslant 50$ m	$3h$	$3l_a$	$\leqslant 40$
双排悬挑	> 50 m	$2h$	$3l_a$	$\leqslant 27$
单排	$\leqslant 24$ m	$3h$	$3l_a$	$\leqslant 40$

注：h——步距；l_a——纵距。

6)横向斜撑。横向斜撑在同一节间由底至顶层呈"之"字型连续布置。其作用是增强脚手架的横向刚度。当脚手架高度 $H \geqslant 24$ m 的封闭型脚手架，拐角应设置横向斜撑，中间应每隔 6 跨设置一道；当双排脚手架 $H < 24$ m 封闭型脚手架，可不设横向斜撑。

7)纵向扫地杆。纵向扫地杆是连接立杆下端的纵向水平杆。其作用是起约束立杆底端，防止纵向发生位移。通常，位于距底座下皮 200 mm 处。

8)横向扫地杆。横向扫地杆是连接立杆下端的横向水平杆。其作用是起约束立杆底端在横向发生位移。通常，位于纵向水平扫地杆上方。

9)脚手板。又称架板。一般用厚 2 mm 的钢板压制而成或 50 mm 松木板。通常，脚手板从横向水平杆外伸长度取 130～150 mm，严防探头板倾翻；作业层脚手板铺满，离墙 150 mm；中间每隔 12 m 满铺一层。

2. 扣件式钢管脚手架搭设工艺

(1)扣件式钢管脚手架搭设工艺流程。扣件式钢管脚手架搭设工艺流程:夯实平整场地→材料准备→设置通长木垫板→纵向扫地杆→搭设立杆→横向扫地杆→搭设纵向水平杆→搭设横向水平杆→搭设剪刀撑→固定连墙件→搭设防护栏杆→铺设脚手板→绑扎安全网。

(2)扣件式钢管脚手架搭设操作要求。

1)夯实平整场地。脚手架的基础部位应夯实,采用混凝土进行硬化,强度等级不低于C15,厚度不小于10 cm。地基承载能力能够满足外脚手架的搭设要求。

2)设置通长木垫板。

①根据构造要求在建筑物四角用尺量出内、外立杆离墙距离,并做好标记。

②脚手架搭设高度小于30 m时,底部应铺设通长脚手板;垫板应准确地放在定位线上,垫板必须铺放平整,不得悬空。用钢卷尺拉直,分出立杆位置,并用粉笔画出立杆标记。

③搭设高度大于30 m时,底部应铺设通长脚手板并增设专用底座。

3)搭设立杆。搭设底部立杆时,采用不同长度的钢管间隔布置,使钢管立杆的对接接头交错布置,高度方向相互错开500 mm以上,且要求相邻接头不应在同步同跨内,以保证脚手架的整体性。

沿着木垫板通长铺设纵向扫地杆,连接于立杆脚点上,离底座20 cm左右。立杆的垂直偏差应控制在不大于架高的1/400。

4)搭设纵向水平杆。纵向水平杆设置在立杆内侧,其长度不宜小于3跨,两端外伸150 mm;纵向水平杆沿高度方向的间距为1.5 m或1.8 m,以便挂立网。

纵向水平杆的对接扣件应交错布置,两根相邻纵向水平杆的接头不宜设置在同步或同跨内;不同步或不同跨的两个相邻接头在水平方向错开的距离不应小于500 mm;各接头中心至最近主节点的距离不宜大于纵距的1/3,如图3-2所示。

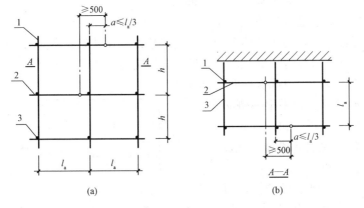

图 3-2　纵向水平杆对接接头布置
(a)接头不在同步内(立面);(b)接头不在同跨内(平面)
1—立杆;2—纵向水平杆;3—横向水平杆

5)搭设横向水平杆。外墙脚手架主节点处必须设置一根横向水平杆,用直角扣件扣接且严禁拆除。作业层上非主节点处的横向水平杆,宜根据支承脚手板的需要等间距设置,最大间距不应大于纵距的1/2。

单排脚手架横向水平杆的一端，用直角扣件固定在立杆上，另一端应插入墙内，插入长度不应小于 180 mm。

6）搭设剪刀撑。高度在 24 m 以下的脚手架外侧立面的两端各设置一道剪刀撑，并应由底至顶连续设置；中间各道剪刀撑之间的净距离不应大于 15 m，如图 3-3 所示。每道剪刀撑跨越立杆的根数应按表 3-2 的规定确定。

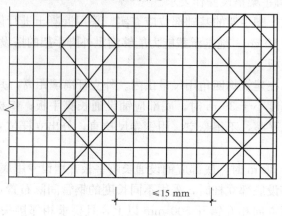

≤15 mm

图 3-3 剪刀撑布置

表 3-2 剪刀撑跨越立杆的最多根数

剪刀撑斜杆与地面的倾角 α	45°	50°	60°
剪刀撑跨越立杆的最多根数 n	7	6	5

剪刀撑斜杆的接长宜采用搭接，搭接长度不小于 1 m，应采用不少于 2 个旋转扣件固定。剪刀撑斜杆应用旋转扣件固定在与之相交的横向水平杆的伸出端或立杆上，旋转扣件中心线与主节点的距离不宜大于 150 mm。

7）固定连墙件。连墙件宜采用 $\phi 48 \times 3.5$ mm 的钢管和扣件，将脚手架与建筑物连接；连接点应保证牢固，防止其移动变形，且尽量设置在外架大横向水平杆连接点处。

外墙装饰阶段连接点也须满足要求，确因施工需要除去原连接点时，必须重新补设可靠、有效的临时拉结，以确保外架安全可靠。

8）搭设防护栏杆。脚手架外侧必须设 1.2 m 高的防护栏杆和 30 cm 高踢脚杆，顶排防护栏杆不少于 2 道，高度分别为 0.9 m 和 1.2 m。

9）铺设脚手板。脚手板的铺设可采用对接平铺，也可采用搭接铺设，如图 3-4 所示。

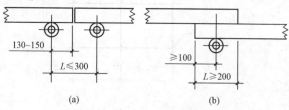

130~150 $L \leqslant 300$ ≥100 $L \geqslant 200$

(a)   (b)

图 3-4 脚手板对接、搭接构造
(a)脚手板对接；(b)脚手板搭接

①脚手板对接平铺时，接头处必须设两根横向水平杆，脚手板外伸长度取 130～150 mm，两块脚手板外伸长度的和不应大于 300 mm。

②脚手板搭接铺设时，接头必须支在横向水平杆上，搭接长度应大于 200 mm，其伸出横向水平杆的长度不应小于 100 mm。

10）绑扎安全网。脚手架外侧使用建设主管部门认证的合格绿色密目网封闭，且将安全网固定在脚手架外立杆里侧；在首层顶绑扎一道兜网。选用18#铅丝张挂安全网，要求严密、平整。

3. 扣件式钢管脚手架检查与验收

(1)构配件进场检查与验收。构配件质量检查见表3-3。

表 3-3　构配件质量检查

项　目	要　求	抽检数量	检查方法
钢管	应有产品质量合格证、质量检验报告	750 根为一批，每批抽取 1 根	检查资料
	钢管表面应平直光滑，不应有裂缝、结疤、分层、错位、硬弯、毛刺、压痕、深的划道及严重锈蚀等缺陷，严禁打孔；钢管使用前必须涂刷防锈漆	全数	目测
钢管外径及壁厚	外径 48.3 mm，允许偏差 ±0.5 mm；壁厚 3.6 mm，允许偏差±0.36，最小壁厚 3.24 mm	3%	游标卡尺测量
扣件	应有生产许可证、质量检测报告、产品质量合格证、复试报告	《钢管脚手架扣件》（GB 15831—2006)的规定	检查资料
扣件	不允许有裂缝、变形、螺栓滑丝；扣件与钢管接触部位不应有氧化皮；活动部位应能灵活转动，旋转扣件两旋转面间隙应小于 1 mm；扣件表面应进行防锈处理	全数	目测
扣件螺栓拧紧扭力矩	扣件螺栓拧紧扭矩值不应小于 40 N·m，且不应大于 65 N·m	按规定	扭力扳手
可调托撑	可调托撑抗压承载力设计值不应小于 40 kN。应有产品质量合格证、质量检验报告	3‰	检查资料
	可调托撑螺杆外径不得小于 36 mm，可调托撑螺杆与螺母旋合长度不得少于 5 扣，螺母厚度不小于 30 mm。插入立杆内的长度不得小于 150 mm。支托板厚不小于 5 mm，变形不大于 1 mm。螺杆与支托板焊接要牢固，焊缝高度不小于 6 mm	3%	游标卡尺、钢板尺测量
	支托板、螺母有裂缝的严禁使用	全数	目测
脚手板	新冲压钢脚手板应有产品质量合格证	—	检查资料
	冲压钢脚手板板面挠曲≤12 mm(l≤4 m)或≤16 mm(l＞4 m)；板面扭曲≤5 mm(任一角翘起)	3%	钢板尺
	不得有裂纹、开焊与硬弯；新、旧脚手板均应涂防锈漆	全数	目测
	木脚手板材质应符合现行国家标准《木结构设计规范》(GB 50005—2003)中Ⅱa级材质的规定。扭曲变形、劈裂、腐朽的脚手板不得使用	全数	目测
	木脚手板的宽度不宜小于 200 mm，厚度不应小于 50 mm；板厚允许偏差—2 mm	3%	钢板尺

续表

项 目	要 求	抽检数量	检查方法
脚手板	竹脚手板宜采用由毛竹或楠竹制作的竹串片板、竹笆板	全数	目测
	竹串片脚手板宜采用螺栓将并列的竹片串联而成。螺栓直径宜为 3～10 mm，螺栓间距宜为 500～600 mm，螺栓距离板端宜为 200～250 mm，板宽 250 mm，板长 2 000 mm、2 500 mm、3 000 mm	3%	钢板尺
安全网	安全网绳不得损坏和腐朽，平支安全网宜使用锦纶安全网；密目式阻燃安全网除满足网目要求外，其锁扣间距应控制在 300 mm 以内	全数	目测

（2）扣件拧紧扭力矩检查与验收。钢管扣件式脚手架搭设完后，采用扭力扳手对螺栓拧紧扭力矩进行检查。抽样方法应按随机分布原则进行。抽样检查数量与质量判定标准，应按表 3-4 的规定确定。不合格的必须重新拧紧，直至合格为止。

表 3-4 扣件拧紧抽样检查数目及质量判定标准

项次	检查项目	安装扣件数量/个	抽检数量/个	允许的不合格数量/个
1	连接立杆与纵（横）向水平杆或剪刀撑的扣件；接长立杆、纵向水平杆或剪刀撑的扣件	51～90	5	0
		91～150	8	1
		151～280	13	1
		281～500	20	2
		501～1 200	32	3
		1 201～3 200	50	5
2	连接横向水平杆与纵向水平杆的扣件(非主节点处)	51～90	5	1
		91～150	8	2
		151～280	13	3
		281～500	20	5
		501～1 200	32	7
		1 201～3 200	50	10

（3）扣件式钢管脚手架搭设检查与验收。脚手架搭设的技术要求、允许偏差与检验方法，应符合表 3-5 的规定。

表 3-5 脚手架搭设的技术要求、允许偏差与检验方法

项次	项目		技术要求	允许偏差 A/mm	示意图	检查方法与工具
1	地基基础	表面	坚实平整	—	—	观察
		排水	不积木			
		垫板	不晃动			
		底座	不滑动			
			不沉降	—10		

续一

项次	项目		技术要求	允许偏差 Δ/mm	示意图	检查方法与工具
2	单、双排与满堂脚手架立杆垂直度	最后验收立杆垂直度 20～50 m	—	±100	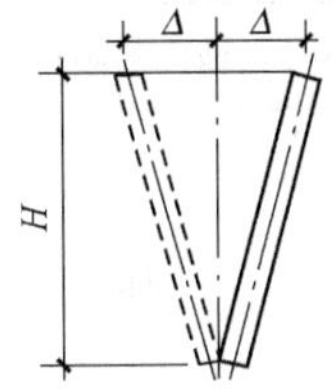	用经纬仪或吊线和卷尺
		下列脚手架允许水平偏差/mm				
		搭设中检查偏差的高度/m	总高度 50 m	总高度 40 m	总高度 20 m	
		H=2	±7	±7	±7	
		H=10	±20	±25	±50	
		H=20	±40	±50	±100	
		H=30	±60	±75		
		H=40	±80	±100		
		H=50	±100			
		中间档次用插入法				
3	满堂支撑架立杆垂直度	最后验收垂直度 30 m	—	±90		用经纬仪或吊线和卷尺
		下列满堂支撑架允许水平偏差/mm				
		搭设中检查偏差的高度/m	总高度 30 m			
		H=2	±7			
		H=10	±30			
		H=20	±60			
		H=30	±90			
		中间档次用插入法				
4	单双排、满堂脚手架间距	步距 纵距 横距	 — —	±20 ±50 ±20	—	钢板尺
5	满堂支撑架间距	步距 立杆间距	— —	±20 ±30	—	钢板尺
6	纵向水平杆高差	一根杆的两端	—	±20	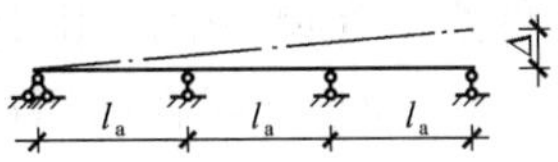	水平仪或水平尺
		同跨内两根纵向水平杆高差	—	±10	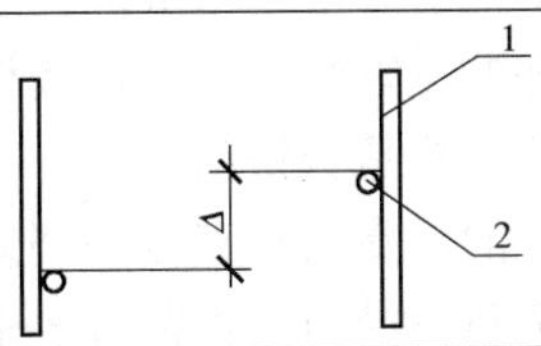	

项次	项目		技术要求	允许偏差 A/mm	示意图	检查方法 与工具
7	剪刀撑斜杆与地面的倾角		45°～60°	—		角尺
8	脚手板外 伸长度	对接	a＝130～ 150 mm l＝300 mm	—	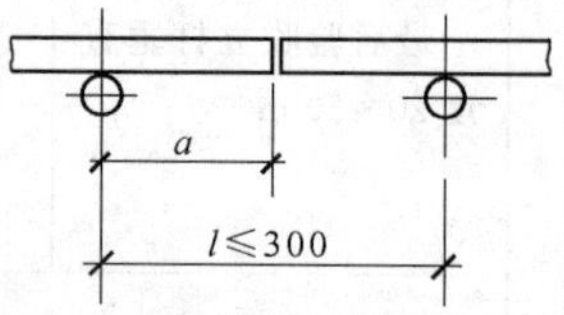	卷尺
		搭接	a≥100 mm l≥200 mm	—	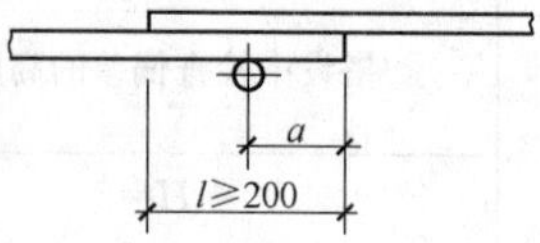	卷尺
9	扣件安装	主节点处各扣件 中心点相互距离	a≤150 mm	—	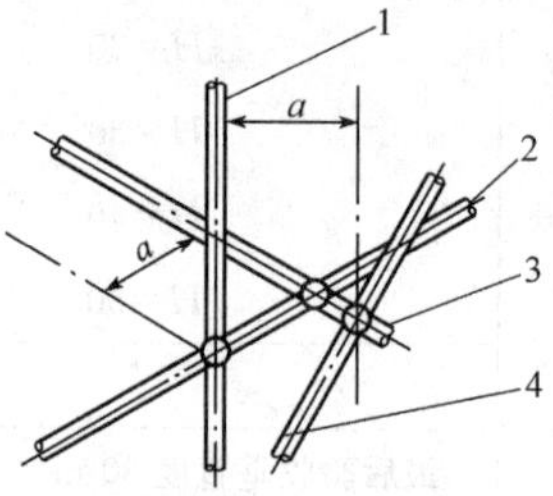	钢板尺
		同步立杆上两个 相隔对接扣件 的高差	a≥150 mm	—	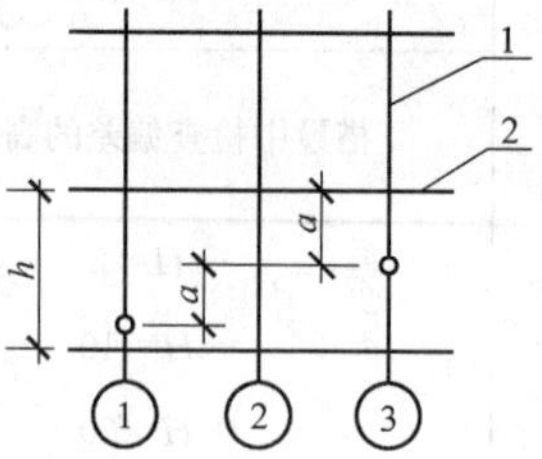	钢卷尺
		立杆上的对接扣 件至主节点的 距离	a≤$n/3$	—		
		纵向水平杆上的 对接扣件至主 节点的距离	a≤$l_a/3$	—	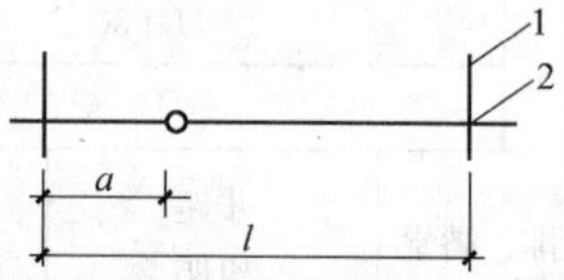	钢卷尺
		扣件螺 栓拧紧 扭力矩	40～65 N·m	—		扭力扳手

注：图中 1—立杆；2—纵向水平杆；3—横向水平杆；4—剪刀撑。

(4)扣件式钢管脚手架使用过程中的检查。

1)脚手架、模板支架在使用过程中应进行下列检查：

①基础是否有不均匀沉降，立杆底座与基础面的接触有无松动或悬空情况。

②杆件的设置和连接，连墙杆、支撑、门洞衔架等的构造是否符合要求。

③扣件螺栓是否松动。

④立杆的沉降与垂直度的偏差是否符合要求。

⑤安全防护措施是否符合要求。

⑥是否超载。

2)在下列情况下应对脚手架重新进行检查验收：

①遇六级以上大风、大雨、寒冷地区开冻后。

②停工超过一个月恢复使用前。

4. 扣件式钢管脚手架拆除

(1)脚手架拆除准备工作。

1)应全面检查架体的连接件、支撑体系、连墙件等是否符合构造要求。

2)脚手架拆除顺序和措施，应经主管部门批准后方可实施。

3)应有单位工程负责人进行拆除安全技术交底。

4)应清除脚手架、模板支架上的杂物及地面障碍物。

(2)脚手架拆除安全技术要求。

1)拆架时应划分作业区，周围设绳绑围栏或竖立警戒标志，禁止非作业人员进入，设专人指挥。

2)拆架作业人员应戴安全帽、系安全带、扎裹腿、穿软底防滑鞋。

3)拆架程序应遵守由上而下，先搭后拆的原则，严禁上下同时进行拆架作业。

4)连墙件应随脚手架逐层拆除，分段拆除时高差不得大于两步，否则应增设临时连墙件。

5)拆除时要统一指挥，上下呼应，动作协调，当解开与另一人有关的结扣时，应先通知对方。

6)拆除后的构配件必须妥善运至地面，分类堆放，严禁高空抛掷。

7)如遇强风、雨、雪等特殊气候，不应进行脚手架的拆除，严禁夜间拆除。

5. 扣件式钢管脚手架计算

钢管脚手架的计算参照《建筑施工扣件式钢管脚手架安全技术规范》(JGJ 130—2011)、《建筑地基基础设计规范》(GB 50007—2011)、《建筑结构荷载规范》(GB 50009—2012)、《钢结构设计规范》(GB 50017—2003)等规范。

【例 3-1】 某单位住宅楼，砖混结构，地下一层，地上六层，檐口高度为23.5 m。外墙脚手架采用扣件式钢管落地双排脚手架，随主体结构同时升高，如图3-5所示。

脚手架参数如下：脚手架用途：结构脚手架；同时施工层数：2层；双排脚手架搭设高度为25 m，立杆采用单立杆；搭设尺寸为：立杆的横距为1.05 m，立杆的纵距为1.5 m，大小横杆的步距为1.8 m；内排架距离墙长度为0.3 m；小横杆在上，搭接在大横杆上的小横杆为1根；采用的钢管类型为ϕ48×3.5 mm；横杆与立杆连接方式为单扣件；取扣件抗滑承载力系数为0.8；连墙件采用两步三跨，竖向间距3.6 m，水平间距4.5 m，采用扣件连接；连墙件连接方式为双扣件；脚手板类别：栏杆竹串片脚手板；脚手板铺设层数为4层，如图3-5所示。

本工程地处湖南长沙市，基本风压 0.35 kN/m²；风荷载高度变化系数 μ_z 为 1.0，风荷载体型系数 μ_s 为 1.13；脚手架计算考虑风荷载作用。

荷载参数：施工均布活荷载标准值：3 kN/m²；每米立杆承受的结构自重标准值为0.129 5 kN/m；脚手板自重标准值 0.35 kN/m²；栏杆竹串片脚手板自重标准值为0.17 kN/m²；安全设施与安全网自重标准值为 0.005 kN/m²；每米脚手架钢管自重标准

值为 0.038 kN/m。

试验算该脚手架方案是否安全可靠。

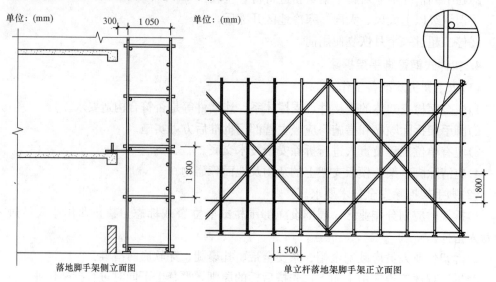

图 3-5　落地脚手架

【解】(1)计算依据。

1)《建筑施工扣件式钢管脚手架安全技术规范》(JGJ 130—2011);

2)《建筑地基基础设计规范》(GB 50007—2011);

3)《建筑结构荷载规范》(GB 50009—2012);

4)《钢结构设计规范》(GB 50017—2003)。

(2)小横杆的计算。小横杆按照简支梁进行强度和挠度计算,小横杆在大横杆的上面。按照小横杆上面的脚手板和活荷载作为均布荷载计算小横杆的最大弯矩和变形。

1)均布荷载值计算。小横杆计算简图如图 3-6 所示。

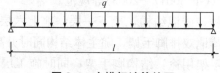

图 3-6　小横杆计算简图

小横杆的自重标准值:$q_1 = 0.038(\text{kN} \cdot \text{m})$

脚手板的荷载标准值:$q_2 = 0.35 \times 1.5/2 = 0.263(\text{kN} \cdot \text{m})$

活荷载标准值:$Q = 3 \times 1.5/2 = 2.25(\text{kN} \cdot \text{m})$

荷载的计算值:$q = 1.2 \times 0.38 + 1.2 \times 0.263 + 1.4 \times 2.25 = 3.511(\text{kN} \cdot \text{m})$

2)强度计算。最大弯矩考虑为简支梁均布荷载作用下的弯矩,计算公式如下:

$$M_{qmax} = ql^2/8$$

$$M_{qmax} = 3.511 \times 1.050^2/8 = 0.484(\text{kN} \cdot \text{m})$$

最大应力计算值:

$$\sigma = M_{qmax}/W = 0.484 \times 10^6/5\ 080 = 95.28(\text{N/mm}^2)$$

【计算结果】小横杆的最大弯曲应力 $\sigma=95.28$ N/mm²，小于小横杆的抗压强度设计值 $[f]=205$ N/mm²，满足要求。

3)挠度计算。最大挠度考虑为简支梁均布荷载作用下的挠度：

$$V_{qmax}=\frac{5ql^4}{384EI}$$

荷载标准值：$q=0.038+0.263+2.25=2.55$(kN/m)

$V_{qmax}=5\times2.55\times1\ 050^4/(384\times2.06\times10^5\times121\ 900)=1.607$(mm)

【计算结果】小横杆的最大挠度 1.068 mm，小于小横杆最大容许挠度 $1\ 050/150=7$ 且不超过 10 mm，满足要求。

(3)大横杆的计算。大横杆按照三跨连续梁进行强度和挠度计算，小横杆在大横杆的上面。

1)荷载值计算。大横杆计算简图如图 3-7 所示。

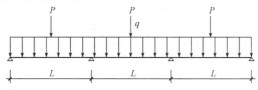

图 3-7 大横杆计算简图

小横杆的自重标准值：$P_1=0.038\times1.05=0.04$(kN)

脚手板的荷载标准值：$P_2=0.35\times1.05\times1.5/2=0.276$(kN)

活荷载标准值：$Q=3\times1.05\times1.5/2=2.363$(kN)

荷载的设计值：$P=(1.2\times0.04+1.2\times0.276+1.4\times2.363)/2=1.844$(kN)

2)强度验算。最大弯矩为大横杆自重均布荷载与小横杆传递集中荷载的设计值最不利分配的弯矩之和。

①均布荷载最大弯矩：$M_{max}=0.08ql^2$

$M_{pmax}=0.08\times0.038\times1.5\times1.5=0.007$(kN·m)

②集中荷载最大弯矩：$M_{pmax}=0.175pl$

$M_{2max}=0.175\times1.844\times1.5=0.484$(kN·m)

最大弯矩：$M=M_{1max}+M_{2max}=0.007+0.484=0.491$(kN·m)

最大应力：$\sigma=M/W=0.491\times10^6/5\ 080=96.654$(N/mm²)

【计算结果】大横杆的最大应力 $\sigma=96.654$ N/mm² 小于大横杆的抗压强度设计值 $[f]=205$ N/mm²，满足要求。

3)挠度验算。最大挠度为大横杆自重均布荷载与小横杆传递集中荷载的标准值最不利分配的挠度之和。

①均布荷载最大挠度。

$$V_{max}=0.677\frac{ql^4}{100EI}$$

$V_{max}=0.677\times0.038\times1\ 500^4/(100\times2.06\times10^5\times121\ 900)=0.052$(mm)

②集中荷载最大挠度。

小横杆传递的荷载：$P=(0.04+0.276+2.363)/2=1.339$(kN)

$$V_{pmax}=1.615\frac{ql^3}{100EI}$$

$V_{pmax}=1.615\times1.339\times10^3\times1\,500^3/(100\times2.06\times10^5\times121\,900)=2.907(\text{mm})$

最大挠度：$V=V_{max}+V_{pmax}=0.052+2.907=2.959(\text{mm})$

【计算结果】大横杆的最大挠度 2.959 mm 小于大横杆最大容许挠度 1 500/150＝10 且不超过 10 mm，满足要求。

(4)扣件抗滑力的计算。纵向或横向水平杆与立杆连接时，扣件的抗滑承载力按照下式计算：

$$R\leqslant R_c$$

式中　R_c——扣件抗滑承载力设计值；

　　　　R——纵向和横向水平杆传给立杆的竖向作用力设计值。

1)水平杆传给立杆的竖向作用力。

小横杆的自重标准值：$P_1=0.038\times1.05\times1/2=0.02(\text{kN})$

大横杆的自重标准值：$P_2=0.038\times1.5=0.057(\text{kN})$

脚手板的自重标准值：$P_3=0.35\times1.05\times1.5/2=0.276(\text{kN})$

活荷载标准值：$Q=3\times1.05\times1.5/2=2.363(\text{kN})$

荷载的设计值：$R=1.2\times(0.02+0.057+0.276)+1.4\times2.363=3.732(\text{kN})$

2)扣件抗滑承载力设计值。按《建筑施工扣件式钢管脚手架安全技术规范》(JGJ 130—2011)的相关要求，直角、旋转扣件承载力取值为 8.00 kN，按照扣件抗滑承载力系数 0.8，该工程实际的旋转单扣件承载力取值为 6.4 kN。

【计算结果】$R=3.732$ kN<6.4 kN，单扣件抗滑承载力的设计计算满足要求。

(5)脚手架立杆荷载计算。作用于脚手架的荷载包括静荷载、活荷载和风荷载。

1)静荷载标准值。

①每米立杆承受的结构自重标准值，为 0.129 5 kN/m

$$N_{G1}=[0.129\,5+(1.05\times1/2)\times0.038/1.80]\times25.00=3.515(\text{kN})$$

②木脚手板的自重标准值，标准值为 0.35 kN/m^2

$$N_{G2}=0.35\times4\times1.5\times(1.05+0.3)/2=1.418(\text{kN})$$

③栏杆竹串片脚手板挡板自重标准值，标准值为 0.17 kN/m

$$N_{G3}=0.17\times4\times1.5/2=0.51(\text{kN})$$

④吊挂的安全设施荷载，包括安全网，标准值为 0.005 kN/m^2

$$N_{G4}=0.005\times1.5\times25=0.188(\text{kN})$$

静荷载标准值：$N_{GK}=N_{G1}+N_{G2}+N_{G3}+N_{G4}=5.63(\text{kN})$

2)活荷载标准值。活荷载为施工荷载标准值产生的轴向力总和，立杆按一纵距内施工荷载总和的 1/2 取值。

活荷载标准值：$N_{QK}=3\times1.05\times1.5\times2/2=4.725(\text{kN})$

3)立杆轴向压力设计值(考虑风荷载)。

杆轴向压力设计值：$N=1.2N_G+0.85\times1.4N_{Qk}=1.2\times5.63+0.85\times1.4\times4.725$
$$=12.379(\text{kN})$$

4)风荷载设计值产生的立杆弯矩(M_w)。

风荷载产生的立杆弯矩：

$M_w = 0.9 \times 1.4 M_{wk} = 0.9 \times 1.4 W_k L_a h^2 / 10 = 0.9 \times 1.4 \times 0.396 \times 1.5 \times 1.8^2 / 10 = 0.242(kN \cdot m)$

式中　M_{wk}——风荷载产生的弯矩标准值；

$\quad\quad W_k$——风荷载标准值，$W_k = \mu_z \times \mu_s \times W_0 = 1 \times 1.13 \times 0.35 = 0.396(kN/m^2)$；

$\quad\quad L_a$——立杆的纵距。

（6）立杆的稳定性计算。立杆的稳定性计算（考虑风荷载）：

$$\sigma = \frac{N}{\varphi A} + \frac{M_w}{W} \leqslant [f]$$

式中　N——立杆轴心压力设计值，$N = 12.379 \ kN$；

$\quad\quad \varphi$——轴心受压立杆的稳定系数，由长细比 l_0/i 查《建筑施工扣件式钢管脚手架安全技术规范》（JGJ 130—2011）附录 C 得到，$\varphi = 0.186$；长细比 $\lambda = l_0/i = 197$；式中计算长度 $l_0 = k\mu_h = 3.118 \ m$；计算长度附加系数，$k = 1.155$；计算长度系数，$\mu = 1.5$；立杆步距 $h = 1.8 \ m$；立杆截面回转半径：$i = 1.58 \ cm$；

$\quad\quad A$——立杆净截面面积，$A = 4.89 \ cm^2$；

$\quad\quad M_w$——风荷载设计值产生的立杆弯矩，$M_w = 0.242 \ kN \cdot m$；

$\quad\quad W$——立杆净截面模量（抵抗矩），$W = 5.08 \ cm^3$；

$\quad\quad [f]$——立杆抗压强度设计值，$[f] = 205 \ N/mm^2$。

立杆稳定性计算：$\sigma = 123 \ 79/(0.186 \times 489) + 242 \ 000/5 \ 080 = 140.87(N/mm^2)$

【计算结果】$\sigma = 140.87 \ N/mm^2$ 小于立杆抗压强度设计值 $[f] = 205 \ N/mm^2$，满足要求。

（7）搭设高度计算。采用单立管的敞开式、全封闭和半封闭的脚手架可搭设高度按照下式计算（考虑风荷载）：

$$H_s = \frac{\varphi A f - [1.2 N_{G2k} + 0.85 \times 1.4(\sum N_{Qk} + \frac{M_{wk}}{W}\varphi A)]}{1.2 g_k}$$

式中　H_s——按稳定计算的搭设高度；

$\quad\quad g_k$——每米立杆承受的结构自重标准值，$g_k = 0.125 \ kN/m$；

$\quad\quad N_{Qk}$——活荷载标准值，$N_{Qk} = 4.725 \ kN$；

$\quad\quad N_{G2k}$——构配件自重标准值产生的轴向力，$N_{G2k} = N_{G2} + N_{G3} + N_{G4} = 2.026 \ kN$；

$\quad\quad M_{wk}$——立杆段由风荷载标准值产生的弯矩，$M_{wk} = M_w/(1.4 \times 0.85) = 0.242/(1.4 \times 0.85) = 0.134(kN \cdot m)$。

$$H_s = \frac{0.186 \times 4.89 \times 10^{-4} \times 205 \times 10^3}{1.2 \times 0.125} - \frac{1.2 \times 2.026 + 0.85 \times 1.4 \times}{1.2 \times 0.125}$$

$$\frac{(4.75 + \frac{0.134}{5.08 \times 10^{-6}} \times 0.186 \times 4.89 \times 10^4)}{1.2 \times 0.125}$$

$$= 51.59(m)$$

当 $H_s \geqslant 26 \ m$ 时，按照下式调整且不超过 50 m：

$$[H] = \frac{H_s}{1 + 0.001 H_s}$$

式中　$[H]$——脚手架搭设高度限值。

$[H] = 51.59/(1+0.001 \times 51.59) = 49.059(\text{m}) < 50 \text{ m}$

$[H] = 49.059 \text{ m}$

【计算结果】脚手架单立杆搭设高度为 25 m，小于脚手架搭设高度限值 $[H] = 49.059 \text{ m}$，满足要求。

(8)连墙件稳定性的计算。

1)连墙件轴压承载力。

①连墙件轴向力设计值。连墙件的轴向力设计值应按照下式计算：

$$N_1 = N_{1w} + N_0$$

式中　N_1——连墙件的轴向力设计值；

　　　N_{1w}——风荷载产生的连墙件轴向力设计值，$N_{1w} = 1.4 W_k A_w = 6.282 \text{ kN}$；

　　　N_0——连墙件约束脚手架平面外变形所产生的轴向力(kN)，$N_0 = 5.000 \text{ kN}$。

连墙件的轴向力设计值：$N_1 = N_{1w} + N_0 = 6.282 + 5 = 11.282(\text{kN})$

②连墙件承载力设计值。连墙件承载力设计值按下式计算：

$$N_f = \varphi \cdot A \cdot [f]$$

式中　N_f——连墙件承载力设计值；

　　　φ——轴心受压立杆的稳定系数，由长细比 $l/i = 300/15.8$ 的结果查表得到 $\varphi = 0.949$；l 为内排架距离墙的长度；

　　　A——连墙件净截面面积，$A = 4.89 \text{ cm}^2$；

　　　$[f]$——连墙件抗压强度设计值，$[f] = 205 \text{ N/mm}^2$。

连墙件轴向承载力设计值：$N_f = 0.949 \times 4.89 \times 10^{-4} \times 205 \times 10^3 = 95.133(\text{kN})$

【计算结果】$N_1 = 11.282 < N_f = 95.133$，连墙件轴压承载力满足要求。

2)扣件抗滑承载力。单扣件抗滑承载力设计值为 6.4 kN，连墙件采用双扣件与墙体连接。故，双扣件的抗滑力为 $6.4 \times 2 = 12.8 \text{ kN}$。由以上计算得到 $N_1 = 11.282 \text{ kN}$。

【计算结果】$N_1 = 11.282 \text{ kN} < 12.8 \text{ kN}$，扣件抗滑承载力满足要求。

(9)立杆的地基承载力计算。立杆基础底面的平均压力应满足下式的要求：

$$p \leqslant f_g$$

式中　p——立杆基础底面的平均压力；

　　　f_g——地基承载力设计值。

1)地基承载力设计值。地基承载力设计值：

$$f_g = f_{gk} \times k_c = 120 \text{ kPa}$$

式中　f_{gk}——地基承载力标准值，$f_{gk} = 120 \text{ kPa}$；

　　　k_c——脚手架地基承载力调整系数，$k_c = 1$。

2)立杆基础底面的平均压力。立杆基础底面的平均压力：

$$p = N/A = 61.895 \text{ kPa}$$

式中　N——上部结构传至基础顶面的轴向力设计值，$N = 12.379 \text{ kN}$；

　　　A——基础底面面积，$A = 0.2 \text{ m}^2$。

【计算结果】$p = 61.895 \text{ kPa} \leqslant f_g = 120 \text{ kPa}$，地基承载力满足要求。

3.1.2　安全网施工

安全网的作用是防止施工人员从脚手架或从其他高空作业面坠落，或防止施工中落物砸伤下面的行人，安全网需要按照有关规定进行设置。当外墙砌砖高度超过 4 m 或立体交叉作业时，必须设置安全网，安全网是用直径 9 mm 的麻、棕绳或尼龙绳编织而成的。一般规格为宽 3 m，长 6 m，网眼 50 mm 左右，每块支好的安全网应能承受不小于 1.6 kN 的冲击荷载。架设安全网时，其伸出墙面宽度应不小于 2 m，外口要高于里口 500 mm，两网搭接应扎接牢固，每隔一定距离应用拉绳将斜杆与地面锚桩拉牢。施工过程中应经常检查和维修，严禁向安全网内投掷杂物。

里脚手砌外墙，外墙四周必须挂安全网。高层、多层建筑使用外脚手施工时，也要在脚手架外侧设安全网。建筑物低于三层时，安全网可从地面上撑起，距地面为 3～4 m；建筑物在三层以上时，安全网应随外墙砌高而逐层上升，每升一次为一个楼层的高度。砌体高度大于 4 m 时，要开始设安全网。有出入口处也要架设安全网，在网上应加铺竹席一层，以防安全。

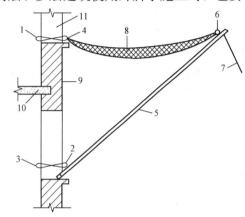

图 3-8　安全网搭设

1、2、3—水平杆；4—内水平杆；5，6—外水平杆；7—拉绳；8 安全网；9—外端；10—楼板；11—窗口

图 3-8 所示为用钢管搭设的安全网。安放在上层窗口处墙两侧的水平杆 1 与内水平杆 4 相互绑牢；安放在下层窗口处墙两侧的水平杆 3 与 2 也同样相互绑牢；斜杆 5 上下两端分别与外水平杆 6 与水平杆 2 相互绑牢；支设安全网的斜杆 5 间距应不大于 4 m。

在无窗口的山墙上，可在墙角设立柱来挂安全网；也可在墙内预埋钢筋环以支撑斜杆；还可以用短钢管穿墙，用回转扣件来支设斜杆。

学习单元 3.2　其他形式脚手架施工

3.2.1　钢梁悬挑脚手架施工

1. 钢梁悬挑脚手架的构造

悬挑脚手架是指通过水平构件将架体所受竖向荷载传递到主体结构上的施工用的外脚手架。悬挑脚手架适用于以下三种情况。

第一种情况：±0.000 m 以下结构工程不能及时回填土，而主体结构必须进行的工程；否则影响工期。

第二种情况：高层建筑主体结构四周有裙房，脚手架不能支承在地面上。

第三种情况：超高建筑施工时，脚手架搭设高度超过了容许搭设高度，将整个脚手架按允许搭设高度分成若干段，每段脚手架支承在建筑结构向外悬挑的结构上。

（1）构配件。

1）悬挑梁。悬挑脚手架的悬挑梁（工字钢、槽钢），应符合现行国家标准《碳素结构钢》(GB/T 700—2006)中 Q235-A 级的有关规定。

2)钢管、扣件。悬挑脚手架所用的各种钢管、扣件、脚手板、安全网等构配件，同《落地式脚手架搭设与拆除》。

(2)构造要求。

1)悬挑梁。钢梁悬挑梁宜优先选用工字钢，是由于工字钢具有截面对称性、受力稳定性好等优点。悬挑梁工字钢型号可根据悬挑跨度和架体搭设高度，按表 3-6 选用。悬挑钢梁构造尺寸示意图，如图 3-9 所示。

表 3-6　悬挑梁工字钢型号、长度

架体高度 H/m 悬挑长度 L_1/m	工字钢梁选用型号		悬挑钢梁长度 L/m	锚固端中心位置 L_2/m
	<10 m	10～24 m		
1.50	14#	16#	4.1	2.3
1.75	16#	18#	4.7	2.6
2.00	18#	20a#	5.3	3.0
2.25	18#	22a#	6.0	3.4
2.50	20a#	22b#	6.6	3.8
2.75	20a#	25a#	7.3	4.2
3.00	22a#	28a#	7.8	4.5

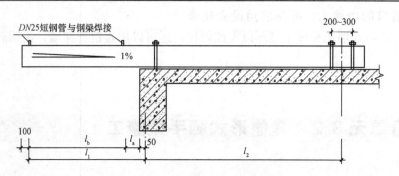

图 3-9　悬挑钢梁构造尺寸示意图

2)架体构造。悬挑脚手架架体构造，可按表 3-7 采用。

表 3-7　悬挑脚手架架体构造

架体位于地面上高度 Z/m	立杆步距 h/m	立杆横距/m	立杆纵距/m
≤60	≤1.8		
61～80	≤1.7	≤1.05	≤1.5
91～100	≤1.5		

3)悬挑脚手架构造要求。悬挑脚手架构造要求，可按表 3-8 采用。

表 3-8　悬挑脚手架构造要求

项目	要求	说明
支承悬挑梁的主体结构	混凝土梁板结构	板厚≥120 mm
悬挑梁	工字钢，U形螺栓固定	—
架体高度	≤24 m	超过时应分段搭设，架体所处高度≤100 m
作业层活荷载标准值	≤2 kN/m²	装修用
	2～3 kN/m²	结构用
作业层数量	≤3 层	装修用
	≤3 层	结构用
脚手板层数	≤3 层	作业层垂直高度大于 12 m 时，应铺设隔层脚手板或隔层安全网

2. 钢梁悬挑脚手架搭设工艺

(1)钢梁悬挑脚手架搭设工艺流程。

预埋 U 形螺栓→水平悬挑梁→纵向扫地杆→立杆→横向扫地杆→小横杆→大横杆→剪刀撑→连墙件→铺脚手板→扎防护栏杆→扎安全网。

(2)钢梁悬挑脚手架搭设操作要求。

1)预埋 U 形螺栓。预埋 U 形螺栓的直径为 20 mm，宽度为 160 mm，高度经计算确定；螺栓丝扣应采用机床加工并冷弯成型，不得使用板牙套丝或挤压滚丝，长度不小于 120 mm；U 形螺栓宜采用冷弯成型。

悬挑梁末端应由不少于两道的预埋 U 形螺栓固定，锚固位置设置在楼板上时，楼板的厚度不得小于 120 mm；楼板上应预先配置用于承受悬挑梁锚固端作用引起负弯矩的受力钢筋；平面转角处悬挑梁末端锚固位置应相互错开。

2)安装水平悬挑梁。悬挑梁应按架体立杆位置对应设置，每一纵距设置一根。

悬挑梁的长度应取悬挑长度的 2.5 倍，悬挑支承点应设置在结构梁上，不得设置在外伸阳台上或悬挑板上；悬挑端应按梁长度起拱 0.5%～1%。

3)悬挑架体搭设。悬挑式脚手架架体的底部与悬挑构件应固定牢靠，不得滑动，如图 3-10 所示。悬挑架体立杆、水平杆、扫地杆、扣件及横向斜撑的搭设，按《落地式脚手架搭设与拆除》执行。悬挑架的外立面剪刀撑应自下而上连续设置。

4)固定钢丝绳。悬挑架宜采取钢丝绳保险体系，按悬挑脚手架设计间距要求固定钢丝绳，如图 3-11 所示。

3. 脚手架检查与验收

同《扣件式钢管脚手架检查与验收》。

4. 脚手架拆除

同《扣件式钢管脚手架拆除》。

3.2.2 门式脚手架施工

1. 门式脚手架概述

(1)门式钢管脚手架又称多功能门式脚手架。是一种工厂生产、现场搭设的脚手架，是目前国际上应用最普遍的脚手架类型之一。

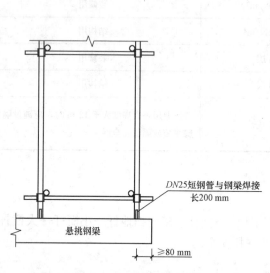

图 3-10　悬挑架体底部做法

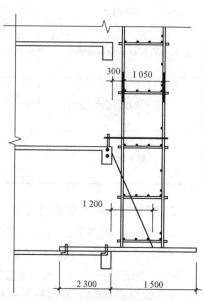

图 3-11　钢丝绳保险体系

(2)门式脚手架的特点。

1)多种用途。用于楼宇、厅堂、桥梁、高架桥、隧道等模板内支顶或做飞模支撑主架；做高层建筑的内外排栅脚手架；用于机电安装、船体修造及其他装修工程的活动工作平台；利用门式脚手架配上简易屋架，便可构成临时工地宿舍、仓库或工棚；用于搭设临时的观礼台和看台。

2)装拆方便。普通工人徒手插、套、挂就可以任意进行六种搭设；单件最大质量不超过 20 kg，因此提升、装拆和运输极其方便。装拆只需徒手进行，大大提高工效，比扣件钢管架快 1/2，比木脚手架快 2/3。

3)安全可靠。整体性能好，配有脚手板、平行架、扣墙管、水平和交叉拉杆管等纵横锁位装置；承受作用力合理，由立管直接垂直承受压力，各性能指标满足施工需要；防火性能好，所有主架和配件均为钢制品。

4)价廉实用。门式脚手架如保养好，可重复使用 30 次以上；使用单位面积质量比扣件式钢管架低 50%，每次拆耗成本是钢管架的 1/2，是竹木架的 1/3，工效显著，且建筑物越高效益越好。

2. 门式脚手架的组成及构造要求

门式钢管脚手架由门式框架、剪刀撑和水平梁架或脚手板构成基本单元，如图 3-12(a)所示。将基本单元连接起来(或增加梯子和栏杆等部件)即构成整片脚手架，如图 3-12(b)所示。这种脚手架的搭设高度一般限制在 45 m 以内。施工荷载限定为：均布载荷 1 816 N/m²，或作用于脚手板跨中的集中荷载 1 916 N。

门式脚手架主要部件如图 3-13 所示。

门式脚手架连接形式如图 3-14 所示。

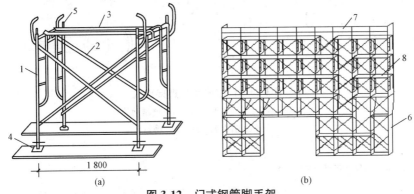

(a)   (b)

图 3-12　门式钢管脚手架

(a)基本单元；(b)门式外脚手架

1—门式框架；2—剪刀撑；3—水平梁架；4—螺旋基脚；

5—连接器；6—梯子；7—栏杆；8—脚手板

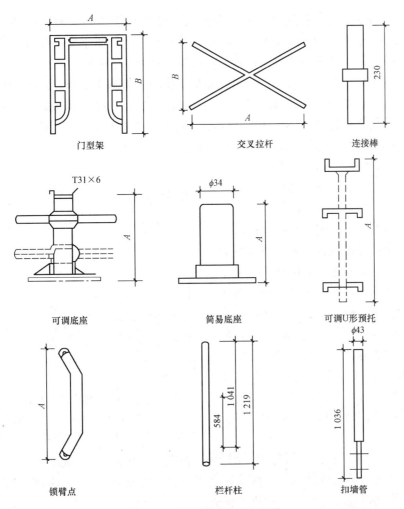

图 3-13　门式脚手架主要部件

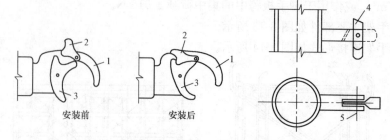

图 3-14 门式脚手架连接形式

1—固定片；2—主制动片；3—被制动片；

4—φ10 圆钢偏重片；5—铆钉

3. 门式脚手架的搭设与拆除

（1）门式脚手架搭设工艺流程：铺放垫木（板）→拉线、放底座→自一端起立门架并随即装剪刀撑→装水平梁架（或脚手板）→装梯子→需要时，装设通长的纵向水平杆→装设连墙杆→照上述步骤，逐层向上安装→装加强整体刚度的长剪刀撑→装设顶部栏杆。

搭设门式脚手架时，基底必须先平整夯实。外墙脚手架必须通过扣墙管与墙体拉结，并用扣件把钢管和处于相交方向的门架连接起来。整片脚手架必须放置适量水平加固杆（纵向水平杆），前三层要每层设置，三层以上则每隔三层设一道。

在架子外侧面设置长剪刀撑。使用连墙管或连墙器将脚手架与建筑物连接。高层脚手架应增加连墙点布设密度。拆除架子时应自上而下进行，部件拆除顺序与安装顺序相反。门式脚手架架设超过 10 层，应加设辅助支撑，一般在高 8~11 层门式框架之间，宽在 5 个门式框架之间，加设一组，使部分荷载由墙体承受。

（2）门式脚手架的搭设要求。搭设门式脚手架时基座必须严格夯实抄平，并铺平调底座，以免发生塌陷和不均匀沉降。门架的顶部和底部用纵向水平杆和扫地杆固定。门架之间必须设置剪刀撑和水平梁架（或脚手板），其间连接应可靠，以确保脚手架的整体刚度。使用连墙管或连墙器将脚手架和建筑结构紧密连接，连墙点的最大间距垂直方向为 6 m，水平方向为 8 m。高层脚手架应增加连墙点布设密度。连墙点一般做法如图 3-15 所示。脚手架在转角处必须做好与墙连接牢靠，并利用钢管和回转扣件把处于相交方向的门架连接起来。

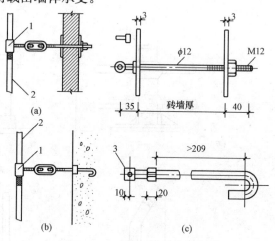

图 3-15 连墙点的一般做法

（a）夹固式；（b）锚固式；（c）预埋连墙件

1—扣件；2—门架立杆；3—接头螺钉；4—连接螺母 M12

（3）门式脚手架的拆除。拆除门式脚手架时应自上而下进行，部件拆除顺序与安装顺序相反。不允许将拆除的部件直接从高空掷下。应将拆下的部件分品种捆绑后，使用垂直吊运设备将其运至地面，集中堆放保管。

3.2.3　附着升降式脚手架施工

升降式脚手架是沿结构外表面满搭的脚手架，在结构和装修工程施工中应用较为方便，但费料耗工，一次性投资大，工期较长。因此，近年来在高层建筑及筒仓、竖井、桥墩等施工中发展了多种形式的外挂脚手架，其中应用较为广泛的是升降式脚手架，包括自升降式、互升降式和整体升降式三种类型。

升降式脚手架的主要特点如下：

(1)脚手架不需满搭，只搭设满足施工操作及安全各项要求的高度。

(2)地面不需做支承脚手架的坚实地基，也不占施工场地。

(3)脚手架及其上承担的荷载传给与之相连的结构，对这部分结构的强度有一定要求。

(4)随施工进程，脚手架可随之沿外墙升降，结构施工时由下往上逐层提升，装修施工时由上往下逐层下降。

1. 自升降式脚手架

自升降式脚手架的升降运动是通过手动或电动倒链交替对活动架和固定架进行升降来实现的。从升降架的构造来看，活动架和固定架之间能够进行上下相对运动。当脚手架工作时，活动架和固定架均用附墙螺栓与墙体锚固，两架之间无相对运动；当脚手架需要升降时，活动架与固定架中的一个架子仍然锚固在墙体上，使用倒链对另一个架子进行升降，两架之间便产生相对运动。通过活动架和固定架交替附墙，互相升降，脚手架即可沿着墙体上的预留孔逐层升降。

具体操作过程如下：

(1)施工前准备。按照脚手架的平面布置图和升降架附墙支座的位置，在混凝土墙体上设置预留孔。预留孔尽可能与固定模板的螺栓孔结合布置，孔径一般为 40～50 mm。为使升降顺利进行，预留孔中心必须在一直线上。脚手架爬升前，应检查墙上预留孔位置是否正确，如有偏差，应预先修正，墙面突出严重时，也应预先修平。

(2)安装。该脚手架的安装在起重机配合下按脚手架平面图进行。先把上、下固定架用临时螺栓连接起来，组成一片，附墙安装。一般每 2 片为一组，每步架上用 4 根 $\phi48\times3.5$ mm 钢管作为大横杆，把 2 片升降架连接成一跨，组装成一个与邻跨没有牵连的独立升降单元体。附墙支座的附墙螺栓从墙外穿入，待架子校正后，在墙内紧固。对壁厚的筒仓或桥墩等，也可预埋螺母，然后用附墙螺栓将架子固定在螺母上。脚手架工作时，每个单元体共有 8 个附墙螺栓与墙体锚固。为了满足结构工程施工，脚手架应超过结构一层的安全作业需要。在升降脚手架上墙组装完毕后，用 $\phi48\times3.5$ mm 钢管和对接扣件在上固定架上面再接高一步。最后在各升降单元体的顶部扶手栏杆处设临时连接杆，使之成为整体，内侧立杆用钢管扣件与模板支撑系统拉结，以增强脚手架整体稳定。

(3)爬升。爬升可分段进行，视设备、劳动力和施工进度而定，每个爬升过程提升 1.5～2 m，每个爬升过程分两步进行，如图 3-16 所示。

1)爬升活动架。解除脚手架上部的连接杆，在一个升降单元体两端升降架的吊钩处，各配置 1 只倒链，倒链的上、下吊钩分别挂入固定架和活动架的相应吊钩内。操作人员位于活动架上，倒链受力后卸去活动架附墙支座的螺栓，活动架即被倒链挂在固定

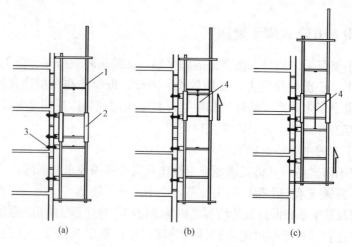

图 3-16　自升降式脚手架爬升过程

(a)爬升前的位置；(b)活动架爬升(半个层高)；(c)固定架爬升(半个层高)

1—活动架；2—固定架；3—附墙螺栓；4—倒链

架上，然后，在两端同步提升，活动架即呈水平状态徐徐上升。爬升到达预定位置后，将活动架用附墙螺栓与墙体锚固，卸下倒链，活动架爬升完毕。

2)爬升固定架。与爬升活动架相似，在吊钩处用倒链的上、下吊钩分别挂入活动架和固定架的相应吊钩内，倒链受力后卸去固定架附墙支座的附墙螺栓，固定架即被倒链挂吊在活动架上。然后在两端同步抽动倒链，固定架徐徐上升，同样爬升至预定位置后，将固定架用附墙螺栓与墙体锚固，卸下倒链，固定架爬升完毕。至此，脚手架完成了一个爬升过程。待爬升一个施工高度后，重新设置上部连接杆，脚手架进入工作状态，以后按此循环操作，脚手架即可不断爬升，直至结构到顶。

(4)拆除。拆除时设置警戒区，有专人监护，统一指挥。先清理脚手架上的垃圾杂物，然后自上而下逐步拆除。拆除升降架可用起重机、卷扬机或倒链。升降机拆下后要及时清理整修和保养，以利重复使用，运输和堆放均应设置地楞，防止变形。

(5)下降。与爬升操作顺序相反，顺着爬升时用过的墙体预留孔倒行，脚手架即可逐层下降，同时把留在墙面上的预留孔修补完毕，最后脚手架返回地面。

2. 互升降式脚手架

互升降式脚手架将脚手架分为甲、乙两种单元，通过倒链交替对甲、乙两种单元进行升降。当脚手架需要工作时，甲单元与乙单元均用附墙螺栓与墙体锚固，两架之间无相对运动；当脚手架需要升降时，一个单元仍然锚固在墙体上，使用倒链对相邻一个架子进行升降，两架之间便产生相对运动。通过甲、乙两单元交替附墙，相互升降，脚手架即可沿着墙体上的预留孔逐层升降。互升降式脚手架的特点是：①结构简单，易于操作控制；②架子搭设高度低，用料省；③操作人员不在被升降的架体上，增加了操作人员的安全性；④脚手架结构刚度较大，附墙的跨度大。其适用于框架-剪力墙结构的高层建筑、水坝、简体等施工。

具体操作过程如下：

(1)施工前准备。施工前应根据工程设计和施工需要进行布架设计，绘制设计图。

编制施工组织设计，制定施工安全操作规定。在施工前还应将互升降式脚手架所需要的辅助材料和施工机具准备好，并按照设计位置预留附墙螺栓孔或设置好预埋件。

（2）安装。互升降式脚手架的组装有两种方式，一种在地面组装好单元脚手架，再用塔吊吊装就位；另一种是在设计爬升位置搭设操作平台，在平台上逐层安装。爬架组装固定后的允许偏差应满足：沿架子纵向垂直偏差不超过 30 mm；沿架子横向垂直偏差不超过 20 mm；沿架子水平偏差不超过 30 mm。

（3）爬升。脚手架爬升前应进行全面检查，检查的主要内容有：预留附墙连接点的位置是否符合要求，预埋件是否牢靠；架体上的横梁设置是否牢固；提升降单元的导向装置是否可靠；升降单元与周围的约束是否解除，升降有无障碍；架子上是否有杂物；所适用的提升设备是否符合要求等。当确认以上各项都符合要求后方可进行爬升，如图3-17 所示。提升到位后，应及时将架子同结构固定；然后，用同样的方法对与之相邻的单元脚手架进行爬升操作，待相邻的单元脚手架升至预定位置后，将两单元脚手架连接起来，并在两单元操作层之间铺设脚手架。

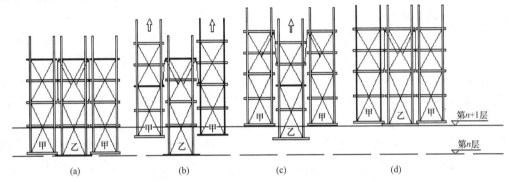

图3-17 互升降式脚手架爬升过程
(a)第 n 层作业；(b)提升甲单元；(c)提升乙单元；(d)第 $n+1$ 层作业

（4）下降。与爬升操作顺序相反，利用固定在墙体上的架子对相邻的单元脚手架进行下降操作，同时把留在墙面上的预留孔修补完毕，最后脚手架返回地面。

（5）拆除。爬架拆除前应清理脚手架上的杂物。拆除爬架有两种方式：一种是同常规脚手架拆除方式，采用自上而下的顺序，逐步拆除；另一种是用起重设备将脚手架整体吊至地面拆除。

3. 整体升降式脚手架

在超高层建筑的主体施工中，整体升降式脚手架有明显的优越性。它结构整体好、升降快捷方便、机械化程度高、经济效益显著，是一种很有推广使用价值的超高建（构）筑外脚手架，被住房和城乡建设部列入重点推广的10 项新技术之一。

整体升降式外脚手架以电动倒链为提升机，使整个外脚手架沿建筑物外墙或柱整体向上爬升。搭设高度依建筑物施工层的层高而定，一般取建筑物标准层4 个层高加1 步安全栏的高度为架体的总高度。脚手架为双排，宽以 0.8～1 m 为宜，里排杆离建筑物净距 0.4～0.6 m。脚手架的横杆和立杆间距都不宜超过 1.8 m，可将 1 个标准层高分为2 步架，以此步距为基数确定架体横、立杆的间距。架体设计时可将架子沿建筑物外围分成若干单元，每个单元的宽度参考建筑物的开间而定，一般在 5～9 m 之间。

具体操作如下：

(1)施工前的准备。按平面图先确定承力架及电动倒链挑梁安装的位置和个数，在相应位置上的混凝土墙或梁内预埋螺栓或预留螺栓孔。各层的预留螺栓或预留孔位置要求上下相一致，误差不超过 10 mm。加工制作型钢承力架、挑梁、斜拉杆。准备电动倒链、钢丝绳、脚手管、扣件、安全网、木板等材料。因整体升降式脚手架的高度一般为 4 个施工层层高，在建筑物施工时，由于建筑物的最下几层层高往往与标准层不一致，且平面形状也往往与标准层不同，所以一般在建筑物主体施工到 3～5 层时开始安装整体脚手架。下面几层施工时往往要先搭设落地外脚手架。

(2)安装。先安装承力架，承力架内侧用 M25～M30 的螺栓与混凝土边梁固定，承力架外侧用斜拉杆与上层边梁拉结固定，用斜拉杆中部的花篮螺栓将承力架调平；再在承力架上面搭设架子，安装承力架上的立杆；然后，搭设下面的承力桁架。再逐步搭设整个架体，随搭随设置拉结点并设斜撑。在比承力架高 2 层的位置安装工字钢挑梁，挑梁与混凝土边梁的连接方法与承力架相同。电动倒链挂在挑梁下，并将电动倒链的吊钩挂在承力架的花篮挑梁上。在架体上每个层高满铺厚木板，架体外面挂安全网。

(3)爬升。短暂开动电动倒链，将电动倒链与承力架之间的吊链拉紧，使其处在初始受力状态。松开架体与建筑物的固定拉结点。松开承力架与建筑物相连的螺栓和斜拉杆，开动电动倒链开始爬升，爬升过程中应随时观察架子的同步情况，如发现不同步应及时停机进行调整。爬升到位后，先安装承力架与混凝土边梁的紧固螺栓，并将承力架的斜拉杆与上层边梁固定，然后安装架体上部与建筑物的各拉结点。待检查符合安全要求后，脚手架可开始使用，进行上一层的主体施工。在新一层主体施工期间，将电动倒链及其挑梁摘下，用滑轮或手动倒链转至上一层重新安装，为下一层爬升做准备，如图 3-18 所示。

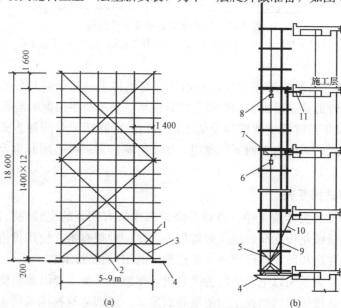

图 3-18　整体升降式脚手架

(a)立面图；(b)侧面图

1—上弦杆；2—下弦杆；3—承力桁架；4—承力架；5—斜撑；
6—电动倒链；7—挑梁；8—倒链；9—花篮螺栓；10—拉杆；11—螺栓

(4)下降。与爬升操作顺序相反，利用电动倒链顺着爬升用的墙体预留孔倒行，脚手架即可逐层下降，同时把留在墙面上的预留孔修补完毕，最后脚手架返回地面。

(5)拆除。爬架拆除前应清理脚手架上的杂物。拆除方式与互升降式脚手架类似。

3.2.4 碗扣式脚手架施工

1. 碗扣式脚手架概述

(1)发展现状。我国脚手架工程的发展大致经历了三个阶段。第一阶段是解放初期到 20 世纪 60 年代，脚手架主要利用竹、木材料；20 世纪 60 年代末到 20 世纪 70 年代，出现了钢管扣件式脚手架、各种钢制工具式里脚手架与竹木脚手架并存的第二阶段。

20 世纪 80 年代以后至今，随着土木工程的发展，国内一些研究、设计、施工单位在从国外引入的新型脚手架基础上，经多年研究、应用，开发出一系列新型脚手架，进入了多种脚手架并存的第三阶段。

(2)基本构造。节点处采用碗扣连接，基本构造和搭设要求与扣件式钢管脚手架类似，不同之处在于碗扣接头，如图 3-19 所示。

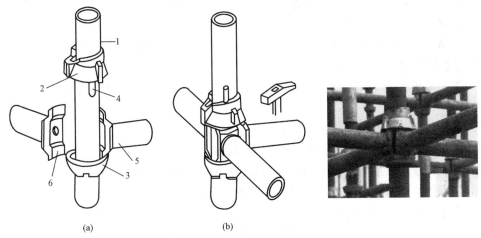

(a)　　　　　　　　　(b)

图 3-19　碗扣节点构成图

(a)连接前；(b)连接后

1—立杆；2—上碗扣；3—下碗扣；4—限位销；5—横杆接头；6—横杆

(3)适用范围。

1)公路、铁路施工部门。

2)直接搭设高度为 50 m 以下的外脚手架，兼作里脚手架。

3)用作房建、市政、桥梁混凝土水平构件的模板承重支架。

4)用作钢结构施工现场拼装的承重胎架。

2. 碗扣式脚手架施工方案

(1)碗扣式脚手架的搭设。

1)底座和垫板应准确地放置在定位线上；垫板宜采用长度不少于 2 跨，厚度不小于 50 mm 的木垫板，底座的轴心线应与地面垂直。

2)脚手架搭设应按立杆、横杆、斜杆、连墙件的顺序逐层搭设，每次上升高度不大于3 m。底层水平框架的垂直度应小于等于$L/200$；横杆间水平度应小于等于$L/400$。

3)脚手架的搭设应分阶段进行，第一阶段的搭底高度一般为 6 m，搭设后必须经检查验收后方可正式投入使用。

4)脚手架的搭设应与建筑物的施工同步上升，每次搭设高度必须高于即将施工楼层1.5 m。

5)脚手架全高的垂直度应小于$L/500$，最大允许偏差应小于 100 mm。

6)脚手架内外侧加挑梁时，挑梁范围内只允许承受人行荷载，严禁堆放物料。

7)连墙件必须随架子的高度上升及时在规定位置处放置，严禁任意拆除。

8)作业层设置应符合以下要求：必须满铺脚手架，外侧应设挡脚板及护身栏杆；护身栏杆可用横杆在立杆的 0.6 m 和 1.2 m 的碗扣接头处搭设两道；作业层下的水平安全网应按《建筑施工碗扣式钢管脚手架安全技术规范》(JGJ 166—2008)的规定设置。

9)采用钢管扣件作加固件、连墙件、斜撑时应符合《建筑施工扣件式钢管脚手架安全技术规范》(JGJ 130—2011)的相关规定。

10)脚手架搭设到顶时，应组织技术、安全、施工人员对整个架体结构进行全面检查和验收，及时解决存在的结构缺陷。

(2)碗扣式脚手架的拆除。

1)应全面检查脚手架的连接、支撑体等是否符合构造要求，经技术管理程序批准后方可实施拆除作业。

2)脚手架拆除前现场工程技术人员应对在场操作工人进行有针对性的安全技术交底。

3)脚手架拆除时必须划出安全区，设置警戒标志，派专人看管。

4)拆除前应清理脚手架上的器具及多余的材料和杂物。

5)拆除作业人员应从顶层开始，逐层向下进行，严禁上下层同时拆除。

6)连墙件必须拆到该层时方可拆除，严禁提前拆除。

7)拆除的构配件应成捆用起重设备吊运或人工传递到地面，严禁抛掷。

8)脚手架采取分段、分立面拆除时，必须事先确定分界处的技术处理方案。

9)拆除的构配件应分类堆放，以便于运输、维护和保管。

(3)模板支撑架的搭设与拆除。

1)模板支撑架的搭设应与模板施工相配合，利用可调底座或可调托撑调整底模标高。

2)按施工方案弹线定位，放置可调底座后分别按先立杆、后横杆、再斜杆的搭设顺序进行。

3)建筑楼板多层连续施工时，应保证上下层支撑立杆在同一轴线上。

4)搭设在结构的楼板、挑台上时，应对楼板或挑台等结构承载力进行验算。

5)模板支撑架拆除应符合《混凝土结构工程施工质量验收规范》(GB 50204—2015)中混凝土强度的有关规定。

6)架体拆除时应按施工方案设计的拆除顺序进行。

(4)碗扣式脚手架的安全管理与维护。

1)作业层上的施工荷载应符合设计要求，不得超载，不得在脚手架上集中堆放模板、钢筋等物料。

2）混凝土输送管、布料杆及塔架拉结缆风绳不得固定在脚手架上。

3）大模板不得直接堆放在脚手架上。

4）遇 6 级及以上大风、雨雪、大雾天气时应停止脚手架的搭设与拆除作业。

5）脚手架使用期间，严禁擅自拆除架体结构杆件，如需拆除必须报请技术主管同意，确定补救措施后方可实施。

6）严禁在脚手架基础及邻近处进行挖掘作业。

7）脚手架应与架空输电线路保持安全距离，工地临时用电线路架设及脚手架接地防雷措施等应按现行行业标准《施工现场临时用电安全技术规范》(JGJ 46—2005)的相关规定执行。

8）使用后的脚手架构配件应清除表面粘结的灰渣，校正杆件变形，表面做防锈处理后待用。

》》学习单元 3.3　垂直运输设施认知

垂直运输设施是指在建筑施工中担负垂直输送材料和施工人员上下的机械设备和设施。在砌筑施工过程中，各种材料(砖、砂浆)、工具(脚手架、脚手板)及各层楼板安装时，垂直运输量较大，都需要用垂直运输机具来完成。目前，砌筑工程中常用的垂直运输设施有塔式起重机、井字架、龙门架、施工电梯、灰浆泵等。

3.3.1　塔式起重机

塔式起重机具有提升、回转、水平运输等功能，不仅是重要的吊装设备，而且也是重要的垂直运输设备，尤其在吊运长、大、重的物料时有明显的优势，故在可能条件下宜优先选用，如图 3-20 所示。

图 3-20　塔式起重机

在高层建筑施工中，应根据工程的不同情况和施工要求，选择适合的塔机，选择时应主要考虑以下几个方面。

(1)塔式起重机的主要参数应满足施工要求。主要参数包括：工作幅度、起升高度、起重量、起重力矩。

1)工作幅度为塔机回转中心线至吊钩中心线的水平距离。最大工作幅度 R_{max} 为最远吊点至回转中心的距离。

2)塔式起重机的起重高度值不小于建筑物总高度加上构件(或吊斗、料笼)吊索(吊物顶面至吊钩)和安全操作高度(一般为 2~3 m)。当塔机需要越过或超过建筑物顶面的脚手架、井架或其他障碍物时(其超越高度一般不应小于 1 m)，尚应满足此最大超越高度的需要。

3)起重量包括吊物、吊具(铁扁担、吊架)和吊索等作用于塔机起重吊钩上的全部重量。

4)起重力矩：起重量×工作幅度，工作幅度大者起重量小，以不超过其额定起重力矩为限。

因此，塔式起重机的起重参数中一般都给出最小工作幅度时的最大起重量和最大工作幅度时的最小起重量。应当注意的是，大多数的塔机都不宜长时间地处于其额定起重力矩的工作状态下，一般宜控制在其额定起重力矩的 75% 以下。这不仅对于确保吊装和垂直运输作业的安全很重要，而且对于确保塔机本身的安全和延长其使用寿命也很重要。

(2)塔式起重机的生产率应满足施工需要，但实际确定时，由于施工需要和安排的不同，常需按以下三种不同情况来考虑。

1)塔式起重机以满足结构安装施工为主，服务垂直运输为辅。

2)塔式起重机以满足垂直运输为主，以零星结构安装为辅。

3)综合考虑，择优选用。

3.3.2 井字架和龙门架

井字架如图 3-21 所示，井字架是施工中最常用的，也是最为简便的垂直运输设施。井字架的特点是稳定性好、运输量大，除用型钢或钢管加工的定型井架外，还有用脚手架材料搭设而成。井架多为单孔井架，但也可构成两孔或多孔井架。井架通常带一个起重臂和吊盘，起重臂起重能力为 5~10 kN，在其外伸工作范围内也可作小距离的水平运输。吊盘起重量为 5~15 kN，其中可放置运料的手推车或其他散装材料。搭设高度可达 40 m，需要设缆风绳保持井架的稳定。

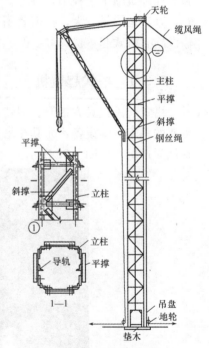

图 3-21　角钢井字架

龙门架是由两立柱及天轮梁(横梁)构成。立柱是由若干个格构柱用螺栓拼装而成，而格构柱是用角钢及钢管焊接而成或直接用厚壁钢管构成门架。龙门架设有滑轮、导轨、吊盘、安全装置以及起重索、缆风绳等，其构造如图 3-22 所示。

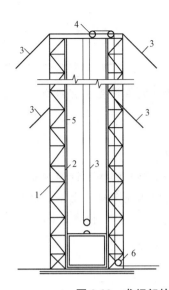
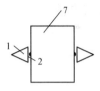

图 3-22　龙门架的基本构造形式

1—立杆；2—导轨；3、5—缆风绳；4、6—天轮；7—吊盘停车安全装置

3.3.3　施工电梯

目前，在高层建筑施工中常采用人货两用的建筑施工电梯。电梯按其驱动方式可分为齿条驱动和绳轮驱动两种。齿条驱动电梯又有单吊箱(笼)式和双吊箱(笼)式两种，并装有可靠的限速装置，适用于 20 层以上的建筑工程使用；绳轮驱动电梯为单吊箱(笼)，无限速装置，轻巧便宜，适用于 20 层以下的建筑工程使用，如图 3-23 所示。

图 3-23　施工电梯

3.3.4　灰浆泵

灰浆泵是一种可以在垂直和水平两个方向连续输送灰浆的机械，目前常用的有活塞式和挤压式两种。活塞式灰浆泵按其结构又可分为直接作用式和隔膜式两类。

思 考 题

1. 钢管扣件式落地脚手架中立杆的搭设要求有哪些？

2. 门式脚手架是怎样组成的？

3. 升降式脚手架有哪些类型？

4. 脚手架的安全防护措施有哪些？

5. 砌筑工程中的垂直运输机械主要有哪些？设置时要满足哪些基本要求？

6. 脚手架在搭设、施工、使用中作业危险因素多，极易发生伤亡事故。请你从人、物、制度等方面找出事故的成因并提出预防对策。

实 训 题

一、操作实训

实训基地有一栋建筑物的钢管扣件式脚手架已搭设完毕，安全网也挂设完毕，要求检查脚手架及安全网的施工质量是否满足国家规范的要求，并说明理由。

完成时间：2小时。

操作人数：1人。

工具与材料准备：线坠、钢尺等。

检测项目及评分标准：检测项目按现行行业标准《建筑施工扣件式钢管脚手架安全技术规范》(JGJ 130—2011)要求由学生自己列出，每个项目分数平均分配。

脚手架及安全网施工质量检查表

序号	检查项目	是否合格	理由	得分
1	立杆基础			
2	架体与建筑物拉结			
3	防护栏杆及安全网			
4	施工层底笆满铺			
5	剪刀撑设置			
6	脚手架材料及脚手架扣件			
7	脚手架宽度			
8	立杆间距			
9	大小横杆			
10	四步一隔离			
11	登高设施			
12	杆件搭设			
13	通道口防护重要设施防护棚			
14	钢管脚手架接地			
总分				

二、编制双排外脚手架搭设专项施工方案

1. 工程概况

(1)建筑物的平面尺寸、层数、层高、总高度、建筑面积、结构形式、地质情况、工期、外脚手架方案选择等。

(2)编制依据

1)《建筑施工扣件式脚手架安全技术规范》(JGJ 130—2011)。

2)《建筑施工安全检查标准》(JGJ 59—2011)。

3)地质勘察报告。

4)本工程施工图纸,见附图。

2. 脚手架设计

依据《建筑施工扣件式脚手架安全技术规范》(JGJ 130—2011)的规定:

(1)确定脚手架钢管、扣件、脚手板及连墙件材料。

(2)确定脚手架基本结构尺寸、搭设高度及基础处理方案。

(3)确定脚手架步距、立杆横距、杆件相对位置。

(4)确定剪刀撑的搭设位置及要求。

(5)确定连墙件连接方式、布置间距。

(6)确定上、下施工作业面通道设置方式及位置。

(7)挡脚板的设置。

3. 设计计算

依据《建筑施工扣件式脚手架安全技术规范》(JGJ 130—2011)的规定:

(1)确定并绘制脚手架搭设施工方案图及设计计算图。

(2)确定脚手架设计荷载。

(3)立杆基础承载力计算。

(4)纵向、横向水平杆等受弯构件的强度及链接扣件的抗滑承载力计算。

(5)立杆稳定性及立杆段轴向力计算。

(6)连墙件的强度、稳定性和连接强度计算。

(7)模板支架立杆稳定性及立杆段轴向力计算。

4. 施工组织与管理

(1)搭设脚手架应由具有相应资质的专业施工队伍施工,确定施工单位时应同时明确技术负责人及专职安全员。

(2)脚手架搭设人员必须是经过按现行国家标准《特种作业人员安全技术培训考核管理规则》考核合格的专业架子工。

(3)上岗人员应定期体检,合格者方可持证上岗。

5. 脚手架施工质量要求及验收

(1)施工准备:单位负责人向架设和使用人员交底;对钢管、扣件、脚手板、安全网等构配件进行检查和验收;清理、平整场地,保证排水畅通。

(2)脚手架地基与基础施工、基础验收、放线定位。

(3)脚手架搭设的进度控制。

(4)脚手架搭设的技术要求、允许偏差与检查验收方法。

(5)脚手架安全防护做法与要求。

(6)脚手架拆除。

6. 脚手架安全管理

依据《建筑施工扣件式脚手架安全技术规范》(JGJ 130—2011)的规定,制定有针对性的安全措施。

学习情境 4
砌 体 工 程 施 工

任务目标 >>>

　　1. 通过学习与实训了解并会选择砌筑常用施工工具。

　　2. 通过学习与实训掌握砌筑砂浆配合比的基本要求和设计方法，能够对砌筑砂浆进行配合比计算。

　　3. 通过学习与实训掌握砖砌体砌筑的操作方法及砖柱、砖墙、砖拱的常用尺寸、组砌方式、砌筑质量、安全技术要求。

　　4. 通过学习与实训掌握配筋砖砌体和混凝土小型空心砌块配筋砌体和蒸压加气混凝土砌块填充墙的砌筑工艺、砌筑质量、安全技术要求。

　　5. 通过学习与实训掌握混凝土小型砌块墙体、中型砌块墙体、毛石基础和墙体、料石墙体和柱的砌筑工艺、砌筑质量、安全技术要求。

　　6. 通过学习与实训掌握砌体工程冬、雨期施工的要点。

　　7. 通过学习与实训能具有现场施工员和监理员的工作能力。

　　8. 通过学习与实训具备砌体工程施工所必需的基本职业素养。

知识链接 >>>

>>> 学习单元 4.1　砌筑施工常用工具

4.1.1　砌筑施工操作常用工具

1. 小型工具

（1）瓦刀。瓦刀又称泥刀，是个人使用及保管的工具，用于涂抹、摊铺砂浆、砍削砖块、打灰条及发碹，如图4-1所示。

（2）大铲。大铲是用于铲灰、铺灰和刮浆的工具，也可以在操作中用它随时调和砂浆。

大铲以桃形者居多，也有长三角形和长方形的。它是实施

图 4-1　瓦刀

"三一"(一铲灰、一块砖、一揉挤)砌筑法的关键工具,如图4-2所示。

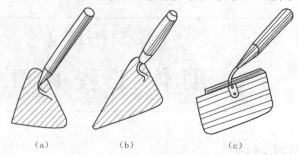

图4-2 大铲

(a)桃形大铲;(b)长三角形大铲;(c)长方形大铲

(3)刨锛。刨锛是用以打砍砖块的工具,也可当作小锤与大铲配合使用。为了便于打"七分头"(3/4砖),有的操作者在刨锛手柄上刻一凹槽线为记号,使凹口到刨锛刃口的距离为3/4砖长,如图4-3所示。

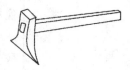

图4-3 刨锛

(4)手锤。手锤俗称小榔头,作敲凿石料和开凿异形砖之用,如图4-4所示。

(5)钢凿。钢凿又称錾子,可用45号或60号钢锻造,一般直径为20~28 mm,长度为150~250 mm。与小锤配合用于打凿石料,开剖异形砖等。其端部有尖头和扁头两种,如图4-5所示。

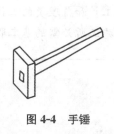

图4-4 手锤

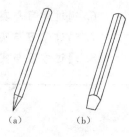

图4-5 钢凿

(a)尖头钢凿;(b)扁头钢凿

(6)摊灰尺。摊灰尺用不易变形的木材制成。操作时放在墙上作为控制灰缝及铺剖砂浆用,如图4-6所示。

(7)溜子。溜子又称灰匙、勾缝刀,一般用ϕ8钢筋打扁制成,并装上木柄,通常用于清水墙勾缝,如图4-7所示。用0.5~1 mm厚的薄钢板制成的较宽的溜子,则用于毛石墙的勾缝。

图4-6 摊灰尺

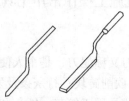

图4-7 溜子

(8)灰板。灰板又称托灰板，用不易变形的木材制成，在勾缝时用它承托砂浆，如图 4-8 所示。

(9)抿子。用 0.8~1 mm 厚的钢板制成，并铆上执手，安装木柄成为工具，可用于石墙的抹缝、勾缝，如图 4-9 所示。

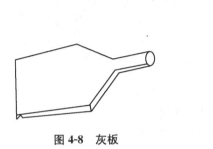 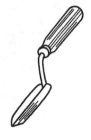

图 4-8　灰板　　　　　　　　图 4-9　抿子

2. 其他工具

(1)筛子。筛子主要用来筛砂。筛孔直径有 4 mm、6 mm、8 mm 等。勾缝需用细砂时，可利用铁窗纱钉在小木框上制成小筛子，如图 4-10 所示。

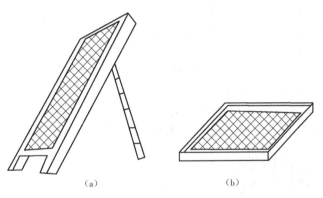

(a)　　　　　　　　　　(b)

图 4-10　筛子
(a)立筛；(b)小方筛

(2)铁锹。铁锹分尖头和方头两种，用于挖土、装车、筛砂等工作。市场上有成品出售，如图 4-11 所示。

(3)手推车。手推车容量约为 0.12 m³，轮轴总宽度应小于 900 mm，以便于通过室内洞口，用于运输砂浆、砖和其他散装材料，如图 4-12 所示。

(a)　　　　　　　　(b)

图 4-11　铁锹
(a)方头铁锹；(b)尖头铁锹

(4)砖夹。砖夹是施工单位自制的夹砖工具，可用 $\phi16$ 钢筋锻造，一次可以夹起四块标准砖，用于装卸砖块，如图 4-13 所示。

(5)砖笼。砖笼是采用塔式起重机施工时吊运砖块的工具，如图 4-14 所示。施工时，在底板上先码好一定数量的砖，然后把砖笼套上并固定，再起吊到指定地点，如此周转

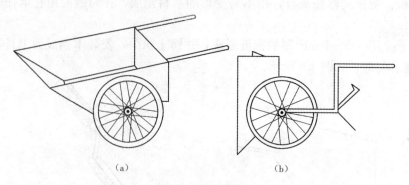

图 4-12 手推车

(a)元宝车；(b)翻斗车

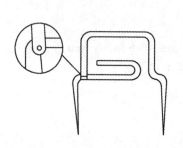

图 4-13 砖夹

使用。

（6）灰槽。灰槽用 12 mm 厚的黑铁皮制成，供砌筑工存放砂浆用，如图 4-15 所示。

图 4-14 砖笼

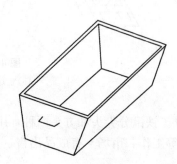

图 4-15 灰槽

（7）砂浆搅拌机。砂浆搅拌机是砌筑工程中常用的机械，用来制备砌筑和抹灰用的砂浆。常用规格是 0.2 m³ 和 0.325 m³，台班产量为 1 826 m³。其操作要求如下：

1）机械的安装应平稳、牢固，地基应夯实、平整。

2）移动式砂浆搅拌机的安装，其行走轮应离开地面，机座要高出地面一定距离，以便于出料。

3）开机前应先检查电气设备的绝缘和接地是否良好，皮带轮和齿轮必须有防护罩，并对机械需润滑的部位加油润滑，检查机械各部件是否正常。

4)工作时先空载转动 1 min，检查其传动装置工作是否正常，在确保正常状态后再加料搅拌。搅拌时要边加料边加水，要避免过大粒径的颗粒卡住叶片。

5)加料时，操作工具(如铁锹)不能碰撞搅拌叶片，更不能在转动时把工具伸进机内扒料。

6)工作完毕必须把搅拌机清洗干净。

7)机器应设置在工作棚内，以防雨淋日晒，冬期还应有挡风保暖设施。

(8)其他。如橡皮水管、大水桶、灰镐、灰勺、钢丝刷等，如图 4-16 所示。

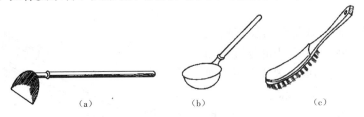

(a)　　　　　　　　(b)　　　　　　　　(c)

图 4-16　灰镐、灰勺及钢丝刷

(a)灰镐；(b)灰勺；(c)钢丝刷

4.1.2　砌筑施工质量检测常用工具

(1)钢卷尺。钢卷尺有 1 m、2 m、3 m、5 m、30 m、50 m 等几种规格。砖瓦工操作宜使用 2 m 的钢卷尺。钢卷尺应选用有生产许可证厂家生产的产品。钢卷尺主要用来测量轴线尺寸、位置及墙长、墙厚，以及门窗洞口的尺寸、留洞位置尺寸等。

(2)托线板。托线板又称靠尺板，用于检查墙面垂直和平整度。由施工单位用木材制成，长度为 1.2～1.5 m，也有铝制商品，如图 4-17 所示。

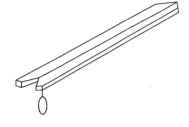

图 4-17　托线板与线坠

(3)线坠。线坠吊挂垂直使用，主要与托线板配合使用，如图 4-17 所示。

(4)塞尺。塞尺与托线板配合使用，用来测定墙、柱的垂直、平整度的偏差。塞尺上每一格表示厚度方向 1 mm(图4-18)。使用时，托线板一侧紧贴于墙面或柱面上，由于墙面或柱面的平整度不够，必然与托线板产生一定的缝隙，用塞尺轻轻塞进缝隙，塞进格数就表示墙面或柱面偏差的数值。

(5)水平尺。水平尺用铁和铝合金制成，中间镶嵌玻璃水准管，用来检查砌体水平位置的偏差，如图 4-18 所示。

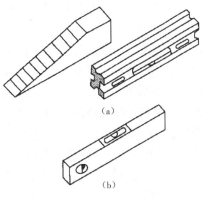

(a)

(b)

图 4-18　塞尺和水平尺

(a)塞尺；(b)水平尺

(6)准线。准线是指砌墙时拉的细线，一般使用直径为 0.5～1 mm 的小白线、麻线、尼龙线或弦线，用于砌体砌筑时拉水平用，另外也用来检查水平缝的平直度。

(7)百格网。百格网是用于检查砌体水平缝砂浆饱满度的工具，可用铁丝编制锡焊而成，也有在有机玻璃上划格而成，其规格为一块标准砖的大面尺寸。将其长宽方向各分成10格，画成100个小格，故称为百格网，如图4-19(a)所示。

（8）方尺。用木材制成边长为200 mm的直角尺，有阴角和阳角两种，分别用于检查砌体转角的方正程度，如图4-19(b)、(c)所示。

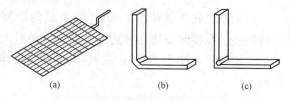

图 4-19 百格网和方尺

(a)百格网；(b)、(c)方尺

（9）龙门板。龙门板是在房屋定位放线后，砌筑时定轴线、中心线的标准，如图4-20所示。施工定位时一般要求板顶部的高程即为建筑物的相对标高±0.000。在板上划出轴线位置，以画"中"字示意，板顶面还要钉一根20～25 mm长的钉子。当在两个相对的龙门板之间拉上准线时，该线就表示为建筑物的轴线。有的在"中"字的两侧还分别划出墙身宽度位置线和大放脚排底宽度位置线，以便于操作人员检查核对。施工中严禁碰撞和踩踏龙门板，也不允许坐人。建筑物基础施工完毕后，把轴线标高等标志引测到基础墙上后，方可拆除龙门板、龙门桩。

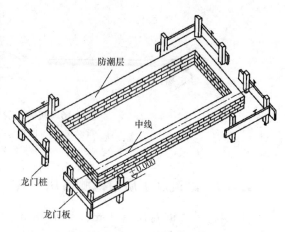

图 4-20 龙门板

（10）皮数杆。皮数杆是砌筑砌体在高度方向的基准。皮数杆可分为基础用和地上用两种。基础用皮数杆比较简单，一般使用30 mm×30 mm的小木杆，由现场施工人员绘制。

一般在进行条形基础施工时，先要在立皮数杆的地方预埋一根小木桩，到砌筑基础墙时，将画好的皮数杆钉到小木桩上。皮数杆顶应高出防潮层的位置，杆上要画出砖皮数、地圈梁、防潮层等的位置，并标出高度和厚度。皮数杆上的砖层还要按顺序编号。画到防潮层底的标高处，砖层必须是整皮数。如果条形基础垫层表面不平，可以在一开始砌砖时就用细石混凝土找平。

地上用皮数杆，也称为大皮数杆。一般由施工人员经过计算排画，经质检人员检验合格后方可使用。皮数杆的设置，要根据房屋大小和平面复杂程度而定，一般要求转角处和施工段分界处设立皮数杆。当为一道通长墙身时，皮数杆的间距要求不大于20 m。如果房屋构造比较复杂，皮数杆应编号并对号入座。皮数杆四个面的画法如图4-21所示。

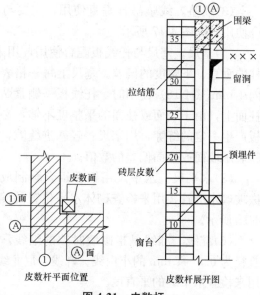

图 4-21 皮数杆

4.2.1　砌筑砂浆配合比计算

砌筑砂浆应通过试配确定配合比。当砌筑砂浆的组成材料有变更时,其配合比应重新确定。根据《砌筑砂浆配合比设计规程》(JGJ/T 98—2010)的规定,砂浆的配合比以质量比表示。

1. 砌筑砂浆配合比设计基本要求

(1)砂浆拌合物的和易性应满足施工要求,拌合物的体积密度:水泥砂浆 ≥ 1 900 kg/m³;水泥混合砂浆、预拌砌筑砂浆≥1 800 kg/m³。

(2)砌筑砂浆的强度、耐久性应满足设计要求。

(3)经济上应合理,水泥及掺合料的用量应较少。

2. 砌筑砂浆配合比设计

(1)水泥混合砂浆配合比计算。

1)计算砂浆的试配强度 $f_{m,0}$。砂浆的试配强度 $f_{m,0}$ 应按下式计算:

$$f_{m,0} = k f_2$$

式中　$f_{m,0}$——砂浆的试配强度(MPa),精确至 0.1 MPa;

　　　f_2——砂浆抗压强度平均值(MPa),精确至 0.1 MPa;

　　　k——系数,按表4-1取值。

标准差 σ 的确定应符合下列规定:

①当有统计资料时,砂浆现场强度标准差 σ 应按下式计算:

$$\sigma = \sqrt{\frac{\sum\limits_{i=1}^{n} f_{m,i}^2 - n\mu_{fm}^2}{n-1}}$$

式中　$f_{m,i}$——统计周期内同一品种砂浆第 i 组试件的强度(MPa);

　　　μ_{fm}——统计周期内同一品种砂浆 n 组试件强度的平均值(MPa);

　　　n——统计周期内同一品种砂浆试件的总组数,$n \geq 25$。

②当无统计资料时,砂浆现场强度标准差 σ 可按表4-1取值。

表 4-1　砂浆强度标准差 σ 及 k 值

强度等级 施工水平	强度标准差 σ/MPa							k
	M5	**M7.5**	**M10**	**M15**	**M20**	**M25**	**M30**	
优良	1.00	1.50	2.00	3.00	4.00	5.00	6.00	1.15
一般	1.25	1.88	2.50	3.75	5.00	6.25	7.50	1.20
较差	1.50	2.25	3.00	4.50	6.00	7.50	9.00	1.25

(2)计算水泥用量 Q_c。

1)每立方米砂浆中的水泥用量,应按下式计算:

$$Q_c = \frac{1\,000(f_{m,0} - \beta)}{\alpha \times f_{ce}}$$

式中　Q_c——每立方米砂浆的水泥用量，精确至 1 kg；

　　　　$f_{m,0}$——砂浆的试配强度，精确至 0.1 MPa；

　　　　f_{ce}——水泥的实测强度，精确至 0.1 MPa；

　　　　α,β——砂浆的特征系数，其中 $\alpha=3.03$，$\beta=-15.09$。

当计算出水泥砂浆中的水泥用量不足 200 kg/m³ 时，应按 200 kg/m³ 选用。

2）在无法取得水泥的实测强度值时，可按下式计算：

$$f_{ce}=\gamma_c \cdot f_{ce,k}$$

式中　$f_{ce,k}$——水泥强度等级对应的强度值（MPa）；

　　　　γ_c——水泥强度等级值的富余系数，宜按实际统计资料确定；无统计资料时可取 1.0。

（3）计算掺加料用量 Q_D。水泥混合砂浆的掺加料用量应按下式计算：

$$Q_D=Q_A-Q_c$$

式中　Q_D——每立方米砂浆的掺加料用量，精确至 1 kg；石灰膏、黏土膏使用时的稠度为（120±5）mm；

　　　　Q_c——每立方米砂浆的水泥用量（kg），精确至 1 kg；

　　　　Q_A——每立方米砂浆中水泥和掺加料的总量，精确至 1 kg；可为 350 kg。

（4）确定砂用量 Q_S。每立方米砂浆中的砂用量，应按干燥状态（含水率小于 0.5％）的堆积密度值作为计算值（kg）。当含水率大于 0.5％时，应考虑砂的含水率。

（5）选用用水量 Q_w。每立方米砂浆中的用水量，根据砂浆稠度等要求可选用 210～310 kg。同时，应注意以下几点：

1）混合砂浆中的用水量，不包括石灰膏或黏土膏中的水。

2）当采用细砂或粗砂时，用水量分别取上限或下限。

3）砂浆稠度小于 70 mm 时，用水量可小于下限。

4）施工现场气候炎热或干燥季节，可酌量增加用水量。

3. 水泥砂浆配合比选用

水泥砂浆材料用量可按表 4-2 选用。

表 4-2　每立方米水泥砂浆材料用量　　　　　　　　　　　　kg/m³

强度等级	水泥	砂	用水量
M5	200～230		
M7.5	230～260		
M10	260～290		
M15	290～330	砂的堆积密度值	270～330
M20	340～400		
M25	360～410		
M30	430～480		

注：1. M15 及 M15 以下强度等级水泥砂浆，水泥强度等级为 32.5 级；M15 以上强度等级水泥砂浆，水泥强度等级为 42.5 级；

　　2. 当采用细砂或粗砂时，用水量分别取上限或下限；

　　3. 稠度小于 70 mm 时，用水量可小于下限；

　　4. 施工现场气候炎热或干燥季节，可酌量增加用水量。

4. 砌筑砂浆配合比的试验、调整与确定

试配时应采用工程中实际采用的材料，并采用机械搅拌。搅拌时间，应自投料结束算起，对水泥砂浆和水泥混合砂浆，不得少于120 s；对掺用粉煤灰和外加剂的砂浆不得少于180 s。

按计算或查表所得的配合比进行试拌时，应测定砂浆拌合物的稠度和分层度，当不能满足要求时，应调整材料用量，直到符合要求为止。然后确定为试配时的砂浆基准配合比。

试配时至少应采用三个不同的配合比，其中一个为基准配合比，其他配合比的水泥用量应按基准配合比分别增加及减少10%，在保证稠度、分层度合格的条件下，可将用水量或掺合料用量做相应调整。三组配合比分别成型、养护，测定28 d砂浆强度，由此确定符合试配强度要求且水泥用量最低的配合比作为砂浆配合比（砂浆配合比确定后，当原材料有变更时，其配合比必须重新通过试验确定）。

【例4-1】试计算M5水泥石灰砂浆配合比。水泥强度等级为42.5级；石灰膏稠度120 mm；中砂，堆积密度为1 450 kg/m³；施工水平一般。

【解】（1）计算砂浆试配强度 $f_{m,0}$。

$$f_{m,0}=f_2+0.645\sigma=5+0.645\times1.25=5.8(\text{MPa})$$

（2）计算水泥用量 Q_c。

$$Q_c=\frac{1\,000(f_{m,0}-\beta)}{\alpha\times f_{ce}}=\frac{1\,000\times(5.8+15.09)}{3.03\times1\times42.5}=162(\text{kg})$$

（3）计算石灰膏用量 Q_D。

$$Q_D=Q_A-Q_c=330-162=168(\text{kg})$$

（4）确定砂用量 Q_S。

$$Q_S=1\,450(\text{kg})$$

（5）选用用水量 Q_W。

$$Q_W=270(\text{kg})$$

水泥石灰砂浆配合比（水∶水泥∶石灰膏∶砂）为270∶162∶168∶1 450。
以水泥为1，配合比为1.66∶1∶1.04∶8.95。

4.2.2 砌筑砂浆现场拌制

现场拌制砌筑砂浆应遵循的规范、规程如下：

（1）《建筑工程施工质量验收统一标准》（GB 50300—2013）。

（2）《砌体结构工程施工质量验收规范》（GB 50203—2011）。

（3）《砌体工程现场检测技术标准》（GB/T 50315—2011）。

（4）《砌筑砂浆配合比设计规程》（JGJ 98—2010）。

砂浆的作用是把块材粘结成整体，并均匀传递块材之间的压力，同时，改善砌体的透气性、保温隔热性、防水和抗冻性。

砂浆按组成可分为以下几类：

（1）水泥砂浆：由水泥与砂加水拌和而成的砂浆称为水泥砂浆。这种砂浆具有较高的强度和较好的耐久性，但和易性和保水性较差，适用于砂浆强度要求较高的砌体和潮湿环境中的砌体。

(2)混合砂浆:由水泥、石灰与砂加水拌和而成的砂浆称为混合砂浆。这种砂浆具有一定的强度和耐久性,而且和易性和保水性较好,在一般墙体中广泛应用,但不宜用于潮湿环境中的砌体。

(3)非水泥砂浆(石灰砂浆、黏土砂浆):由石灰(黏土)与砂加水拌和而成的砂浆称为非水泥砂浆。这种砂浆保水性好,流动性好,但强度低,耐久性差,适用于低层建筑和不受潮的地上砌体中。

(4)混凝土砌块砌筑砂浆:由水泥、砂、掺合料、外加剂加水拌和而成的砂浆称为混凝土砌块砌筑砂浆。其强度等级用 Mb 表示。

砂浆的强度等级是按标准方法制作的 70.7 mm 的立方体试块(一组六块),在标准条件下养护 28 d,经抗压试验所测得的抗压强度的平均值来划分的。砌筑砂浆的强度等级宜采用 M20、M15、M10、M7.5、M5、M2.5。

1. 砌筑砂浆现场拌制工艺

(1)砌筑砂浆现场拌制准备工作。

1)技术准备。

①熟悉图纸,核对砌筑砂浆的种类、强度等级、使用部位。

②委托有资质的试验部门对砂浆进行试配试验,并出具砂浆配合比报告。

③施工前应向操作者进行技术交底。

2)材料准备。

①水泥。

a. 进场使用前,应分批对其强度、安定性进行复验。

b. 检验批应以同一生产厂家、同一编号为一批。

c. 当使用中对水泥质量有怀疑或水泥出厂超过 3 个月时,应重新复验,并按其结果使用。

d. 不同品种的水泥,不得混合使用。

②砂:宜用中砂,过 5 mm 孔径筛子,并不应含有杂物。对强度等级≥M5 的砂浆,砂含泥量≤5%。

③掺合料。

a. 石灰膏:生石灰熟化成石灰膏时,用孔径不大于 3 mm×3 mm 网过滤,熟化时间≥7 d;磨细生石灰粉的熟化时间≥2 d。沉淀池中储存的石灰膏,应采取防止干燥、冻结和污染的措施。严禁使用脱水硬化的石灰膏。

b. 电石膏:(无机物,其主要成分是二碳化钙)检验电石膏时加热至 70 ℃并保持 20 min,没有乙炔气味,方可使用。

c. 消石灰粉(其主要成份是氢氧化钙,俗称消石灰)不得直接用于砌筑砂浆中。脱水硬化的石灰膏和消石灰粉不能起塑化作用又影响砂浆强度,故不能使用。

④按计划组织原材料进场,及时取样进行原材料的复试。

3)施工机具准备。

①施工机械。砂浆搅拌机、垂直运输机械等。

②工具用具。手推车、铁锹等。

③检测设备。台称、磅秤、砂浆稠度仪、砂浆试模等。

4)作业条件准备。

①确认砂浆配合比。

②砂浆搅拌机就位，并对砂浆强度等级、配合比、搅拌制度、操作规程等进行挂牌标识。

③采用人工搅拌时，需铺设硬地坪混凝土强度等级为 C10 以上地坪、钢板或设搅拌槽。

（2）砌筑砂浆现场拌制工艺流程。砌筑砂浆现场拌制工艺流程，如图 4-22 所示。

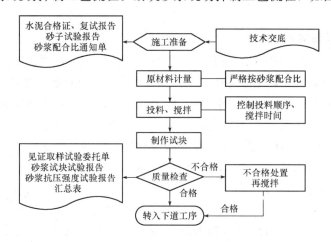

图 4-22　砌筑砂浆现场拌制工艺流程

（3）砌筑砂浆现场拌制操作要求。

1）搅拌要求。

①水泥混合砂浆。

机械搅拌：将称量好的砂、石灰膏投入搅拌机加适量水搅拌 30 s 后，加入水泥和其余用水继续搅拌，搅拌时间不少于 2 min。

人工搅拌：零星砂浆搅拌时可使用人工搅拌，先将称量好的砂摊在拌灰坪上，再加入称量好的水泥搅拌均匀，同时将石灰膏加水拌成稀浆，再混合搅拌至均匀。

②水泥砂浆。

机械搅拌：将称量好的砂、水泥投入搅拌机干拌 30 s 后加水，自加水时计时，搅拌时间不少于 2 min。

人工搅拌：零星砂浆搅拌时可使用人工搅拌，先将称量好的砂摊在拌灰坪上，再加入称量好的水泥搅拌均匀，然后加水搅拌均匀。

2）技术要求。

①砌筑砂浆应通过试配确定配合比，并出具新的配合比报告单。

②施工中当采用水泥砂浆代替水泥混合砂浆时，应重新确定砌筑砂浆配合比。

③试配时砌筑砂浆的分层度、试配抗压强度、稠度必须同时满足要求。石灰膏、电石膏的用量，应按稠度为(120±5) mm 时计量。

3）计量要求。

①砂浆现场搅拌时，应严格按配合比对其原材料进行重量计量。水泥、外加剂等配料精确度应控制在±2%以内。砂、水、掺合料等配料精确度应控制在±5%以内。

②计量器具应经相关单位校验，并在其校准有效期内。

4）留置试块。

①每一验收批且不超过 250 m³ 砌体中的各种强度等级的砂浆，每台搅拌机应至少检查一次，每次至少应制作一组试块。

②砂浆取样应在搅拌机出料口随机取样、制作，同一组试样应在同一盘砂浆中取样制作，从三个不同部位采样。砂浆试块制作后应在（20±5）℃温度环境下停置一昼夜，然后对试件进行编号并拆模；试件拆模后，应在标准条件下继续养护至 28 d，然后进行试压。

2. 砌筑砂浆质量验收标准

（1）当在使用中对水泥质量有怀疑或水泥出厂超过 3 个月（快硬硅酸盐水泥超过 1 个月）时，应复查试验，并按其结果使用。不同品种的水泥，不得混合使用。

抽检数量：按同一生产厂家、同品种、同等级、同批号连续进场的水泥，袋装水泥不超过 200 t 为一批，散装水泥不超过 500 t 为一批，每批抽样不少于一次。

检验方法：检查产品合格证、出厂检验报告和进场复验报告。

（2）砂浆用砂宜采用过筛中砂，并应满足下列要求：

1）不应混有草根、树叶、树枝、塑料、煤块、炉渣等杂物。

2）砂中含泥量、泥块含量、石粉含量、云母、轻物质、有机物、硫化物、硫酸盐及氯盐含量等应符合现行行业标准《普通混凝土用砂、石质量及检验方法标准》（JGJ 52—2006）的相关规定。

3）人工砂、山砂及特细砂，应经试配能满足砌筑砂浆技术条件要求。

（3）拌制水泥混合砂浆的粉煤灰、建筑生石灰、建筑生石灰粉及石灰膏应符合下列规定：

1）粉煤灰、建筑生石灰、建筑生石灰粉的品质指标应符合现行行业标准《建筑生石灰》（JC/T 479—2013）的相关规定。

2）建筑生石灰、建筑生石灰粉熟化为石灰膏，其熟化时间分别不得少于 7 d 和 2 d；沉淀池中储存的石灰膏，应防止干燥、冻结和污染，严禁使用脱水硬化的石灰膏；建筑生石灰粉、消石灰粉不得代替石灰膏配制水泥石灰砂浆。

3）石灰膏的用量，应按稠度（120±5）mm 计量，现场施工中石灰膏不同稠度的换算系数，可按表 4-3 确定。

表 4-3　石灰膏不同稠度的换算系数

稠度/mm	120	110	100	90	80	70	60	50	40	30
换算系数	1.00	0.99	0.97	0.95	0.93	0.92	0.90	0.88	0.87	0.86

（4）拌制砂浆用水的水质，应符合现行行业标准《混凝土用水标准》（JGJ 63—2006）的相关规定。

（5）砌筑砂浆应进行配合比设计。当砌筑砂浆的组成材料有变更时，其配合比应重新确定。砌筑砂浆的稠度宜按表 4-4 的规定采用。

（6）施工中不应采用强度等级小于 M5 水泥砂浆替代同强度等级水泥混合砂浆，如需替代，应将水泥砂浆提高一个强度等级。

表 4-4　砌筑砂浆的稠度

砌体种类	砂浆稠度/mm
烧结普通砖砌体、蒸压粉煤灰砖砌体	70～90
混凝土实心砖、混凝土多孔砖砌体 普通混凝土小型空心砌块砌体 蒸压灰砂砖砌体	50～70
烧结多孔砖、空心砖砌体 轻集料小型空心砌块砌体 蒸压加气混凝土砌块砌体	60～80
石砌体	30～50

（7）在砂浆中掺入的砌筑砂浆增塑剂、早强剂、缓凝剂、防冻剂、防水剂等砂浆外加剂，其品种和用量应经有资质的检测单位检验和试配确定。所用外加剂的技术性能应符合国家现行有关标准《砌筑砂浆增塑剂》（JG/T 164—2004）、《混凝土外加剂》（GB 8076—2008）、《砂浆、混凝土防水剂》（JC 474—2008）的质量要求。

（8）配制砌筑砂浆时，各组分材料应采用质量计量，水泥及各种外加剂配料的允许偏差为±2%；砂、粉煤灰、石灰膏等配料的允许偏差为±5%。

（9）砌筑砂浆应采用机械搅拌，自投料完算起，搅拌时间应符合下列规定：

1）水泥砂浆和水泥混合砂浆不得少于 120 s。

2）水泥粉煤灰砂浆和掺用外加剂的砂浆不得少于 180 s。

3）掺增塑剂的砂浆，其搅拌方式、搅拌时间应符合现行行业标准《砌筑砂浆增塑剂》（JG/T 164—2004）的相关规定。

4）干混砂浆及加气混凝土砌块专用砂浆宜按掺用外加剂的砂浆确定搅拌时间或按产品说明书采用。

（10）现场拌制的砂浆应随拌随用，拌制的砂浆应 3 h 内使用完毕；当施工期间最高气温超过 30 ℃时，应在 2 h 内使用完毕。预拌砂浆及蒸压加气混凝土砌块专用砌筑砂浆的使用时间应按照厂方提供的说明书确定。

（11）砌体结构工程使用的湿拌砂浆，除直接使用外必须储存在不吸水的专用容器内，并根据气候条件采取遮阳、保温、防雨雪等措施，砂浆在储存过程中严禁随意加水。

（12）砌筑砂浆试块强度验收时其强度合格标准应符合下列规定：

1）同一验收批砂浆试块强度平均值应大于或等于设计强度等级值的 1.10 倍。

2）同一验收批砂浆试块抗压强度的最小一组平均值应大于或等于设计强度等级值的 85%。

注：①砌筑砂浆的验收批，同一类型、强度等级的砂浆试块应不少于 3 组；同一验收批砂浆只有一组或二组试块时，每组试块抗压强度的平均值应大于或等于设计强度等级值的 1.1 倍；对于建筑结构的安全等级为一级或设计使用年限为 50 年及以上的房屋，同一验收批砂浆试块的数量不得少于 3 组。

②砂浆强度应以标准养护，28 d 龄期的试块抗压强度为准。

③制作砂浆试块的砂浆稠度应与配合比设计一致。

抽检数量：每一检验批且不超过 250 m³ 砌体的各类、各强度等级的普通砌筑砂浆，每台搅拌机应至少抽检一次。验收批的预拌砂浆、蒸压加气混凝土砌块专用砂浆，抽检可为 3 组。

检验方法：在砂浆搅拌机出料口或在湿拌砂浆的储存容器出料口随机取样制作砂浆试块（现场拌制的砂浆，同盘砂浆只应制作一组试块），试块标养 28 d 后做强度试验。预拌砂浆中的湿拌砂浆稠度应在进场时取样检验。

(13)当施工中或验收时出现下列情况，可采用现场检验方法对砂浆或砌体强度进行实体检测，并判定其强度：

1)砂浆试块缺乏代表性或试块数量不足。

2)对砂浆试块的试验结果有怀疑或有争议。

3)砂浆试块的试验结果，不能满足设计要求。

4)发生工程事故，需要进一步分析事故原因。

学习单元 4.3　砖砌体工程施工

在砖混结构主体工程中，常用烧结普通砖、烧结多孔砖、粉煤灰砖。砖砌体工程施工应遵循的规范规程如下：

(1)《建筑工程施工质量验收统一标准》(GB 50300—2013)。

(2)《砌体结构工程施工质量验收规范》(GB 50203—2011)。

(3)《砌体结构工程施工规范》(GB 50924—2014)。

(4)《烧结普通砖》(GB 5101—2003)。

(5)《烧结多孔砖和多孔砌块》(GB 13544—2011)。

(6)《蒸压粉煤灰砖》(JC/T 239—2014)。

砖砌体分为无筋砌体和配筋砌体。无筋砌体包括砖砌体和石砌体，特点是抗震性能差、抵抗不均匀、沉降能力差；配筋砌体包括网状（横向）配筋砖砌体、组合砖砌体、砖砌体和钢筋混凝土构造柱组合墙、配筋砌块砌体，特点是能提高砌体承载力、减小构件截面尺寸、加强整体性。

4.3.1　砖的品种与检验

1. 烧结普通砖

烧结普通砖简称普通砖，指以黏土、页岩、煤矸石、粉煤灰为主要原料，经过焙烧而成的实心砖，分烧结黏土砖、烧结页岩砖、烧结煤矸石砖、烧结粉煤灰砖等。

(1)规格、尺寸偏差。

1)砖的主规格：240 mm×115 mm×53 mm；配砖规格：175 mm×115 mm×53 mm。

2)尺寸允许偏差应符合表 4-5 的规定（公称尺寸是标准中规定的名义尺寸，是用户和生产企业希望得到的理想尺寸，在这种名义尺寸之下，只有根据不同种类的配合，给定了不同的公差，才是机械加工的实际掌握的尺寸）。

表 4-5 尺寸允许偏差　　　　　　　　　　　　　　　　　　　　mm

公称尺寸	优等品		一等品		合格品	
	样本平均偏差	样本极差 ≤	样本平均偏差	样本极差 ≤	样本平均偏差	样本极差 ≤
240	±2.0	6	±2.5	7	±3.0	8
115	±1.5	5	±2.0	6	±2.5	7
53	±1.5	4	±1.6	5	±2.0	6

(2)外观质量。砖的外观质量应符合表 4-6 的规定。

表 4-6　外观质量　　　　　　　　　　　　　　　　　　　　mm

项　　目		优等品	一等品	合格
两条面高度差	≤	2	3	4
弯曲	≤	2	3	4
杂质凸出高度	≤	2	3	4
缺棱掉角的三个破坏尺寸	不得同时大于	5	20	30
裂纹长度 ≤	a. 大面上宽度方向及其延伸至条面的长度	30	60	80
	b. 大面上长度方向及其延伸至顶面的长度或条顶面上水平裂纹的长度	50	80	100
完整面	不得少于	二条面和二顶面	一条面和一顶面	—
颜色		基本一致	—	—

注：1. 为装饰面增加的色差，凹凸纹、拉毛、压花等不算作缺陷。
　　2. 凡有下列缺陷之一者，不得称为完整面。
　　　1)缺损在条面或顶面上造成的破坏面尺寸同时大于 10 mm×10 mm。
　　　2)条面或顶面上裂纹的宽度大于 1 mm，其长度超过 30 mm。
　　　3)压陷、粘底、焦花在条面或顶面上的凹凸超过 2 mm，区域尺寸同时大于 10 mm×10 mm。

(3)强度等级。

1)强度等级应符合表 4-7 的规定。

表 4-7　烧结普通砖强度等级　　　　　　　　　　　　　　　　MPa

强度等级	抗压强度平均值 $\bar{f}$ ≥	变异系数 δ≤0.21	变异系数 δ>0.21
		强度标准值 f_k ≥	单块最小抗压强度值 f_{min} ≥
MU30	30.0	22.0	25.0
MU25	25.0	18.0	22.0
MU20	20.0	14.0	16.0
MU15	15.0	10.0	12.0
MU10	10.0	6.5	7.5

2)强度试验与评定。试样数量为 10 块，加荷速度为 (5 ± 0.5) kN/s。试验后，按下列公式计算出强度变异系数 δ、标准差 S：

$$\delta=\frac{S}{\bar{f}}$$

$$S=\sqrt{\frac{1}{9}\sum_{i=1}^{10}(f_i-\bar{f})^2}$$

式中　δ——砖强度变异系数，精确至 0.01；

　　　S——10 块试样的抗压强度标准差(MPa)，精确至 0.01；

　　　$\bar{f}$——10 块试样的抗压强度平均值(MPa)，精确至 0.01；

　　　f_i——单块试样抗压强度测定值(MPa)，精确至 0.01。

强度评定：

①平均值——标准值方法评定。变异系数 $\delta\leqslant0.21$ 时，按表 4-7 中抗压强度平均值、强度标准值评定砖的强度等级。

样本量 $n=10$ 时的强度标准值按下式计算：

$$f_k=\bar{f}-1.8s$$

②平均值——最小值方法评定：变异系数 $\delta>0.21$ 时，按表 4-7 中抗压强度平均值、单块最小抗压强度值平定砖的强度等级。单块最小抗压强度值精确至 0.1 MPa。

(4)检验规则。

1)检验批量：每 3.5 万～15 万块为一批，不足 3.5 万块按一批计。

2)抽样数量：尺寸偏差、外观质量和强度等级的抽样数量和抽样方法应符合表 4-8 的规定。

表 4-8　抽样数量和抽样方法

序号	检验项目	抽样数量/块	抽样方法
1	外观质量	$50(n_1=n_2=50)$	试样采用随机抽样法，在每一检验批的产品堆垛中抽取
2	尺寸偏差	20	试样采用随机抽样法从外观质量检验后的样品中抽取
3	强度等级	10	

(5)判定规则。

1)外观质量：外观质量采用二次抽样方案，根据表 4-6 规定的质量指标，检查出其中不合格品数 d_1，按下列规则判定：

①$d_1\leqslant7$ 时，外观质量合格。

②$d_1\geqslant11$ 时，外观质量不合格。

③$7<d_1<11$ 时，需再次从该产品批中抽样 50 块检验，检查出不合格品数 d_2，按下列规则判定。

a. $(d_1+d_2)\leqslant18$ 时，外观质量合格。

b. $(d_1+d_2)\geqslant19$ 时，外观质量不合格。

2)尺寸偏差：尺寸偏差符合表 4-5 相应等级规定，判尺寸偏差为该等级。否则，判为不合格。

3)强度：强度试验结果应符合表 4-7 的规定。低于 MU10 判为不合格。

4)产品出厂时，必须提供产品质量合格证

2. 烧结多孔砖

烧结多孔砖是指以黏土、页岩、煤矸石、粉煤灰、淤泥(江河湖淤泥)及其他固体废弃物等为主要原料，经焙烧制成主要用于建筑物承重部位的多孔砖。

(1)规格、尺寸偏差。

1)砖的规格尺寸：290、240、190、180、140、115、90(mm)。其他规格尺寸由供需双方协商确定。

2)砖的尺寸允许偏差应符合表4-9的规定。

表4-9　尺寸允许偏差　　　　　　　mm

尺寸	样本平均偏差	样本极差 ≤
>400	±3.0	10.0
300～400	±2.5	9.0
200～300	±2.5	8.0
100～200	±2.0	7.0
<100	±1.5	6.0

(2)外观质量。砖的外观质量应符合表4-10的规定。

表4-10　外观质量　　　　　　　mm

项　目		指　标
1. 完整面	不得少于	一条面和一顶面
2. 缺棱掉角的三个破坏尺寸	不得同时大于	30
3. 裂纹长度		
a)大面(有孔面)上探入孔壁15 mm以上宽度方向及其延伸到条面的长度	不大于	80
b)大面(有孔面)上深入孔壁15 mm以上长度方向及其延伸到顶面的长度	不大于	100
c)条顶面上的水平裂纹	不大于	100
4. 杂质在砖或砌块面上造成的凸出高度	不大于	5

注：凡有下列缺陷之一者，不能称为完整面：

a)缺损在条面或顶面上造成的破坏面尺寸同时大于20 mm×30 mm；

b)条面或顶面上裂纹宽度大于1 mm，其长度超过70 mm；

c)压陷、焦花、粘底在条面或顶面上的凹陷或凸出超过2 mm，区域最大投影尺寸同时大于20 mm×30 mm。

(3)强度等级。

1)砖的强度应符合表4-11的规定。

表4-11　强度等级　　　　　　　MPa

强度等级	抗压强度平均值 $\bar{f}$ ≥	强度标准值 f_k ≥
MU30	30.0	22.0
MU25	25.0	18.0
MU20	20.0	14.0
MU15	15.0	10.0
MU10	10.0	6.5

2)强度试验与评定。强度以大面(有孔面)抗压强度结果表示。其中试样数量为10块。试验后按下式计算出强度标准差 S：

$$S=\sqrt{\frac{1}{9}\sum_{i=1}^{10}(f_i-\overline{f})^2}$$

式中　S——10块试样的抗压强度标准差(MPa)，精确至0.01；

　　　$\overline{f}$——10块试样的抗压强度平均值(MPa)，精确到0.1；

　　　f_i——单块试样抗压强度测定值(MPa)，精确至0.01。

结果计算与评定：

按表4-11中抗压强度平均值、强度标准值评定砖的强度等级，精确至0.1 MPa。

样本量 $n=10$ 的强度标准值按下式计算。

$$f_k=\overline{f}-1.83S$$

式中　f_k——强度标准值，精确至0.1 MPa。

(4)检验规则。3.5万~15万块为一批，不足3.5万块按一批计。抽样数量按表4-12进行。

表4-12　抽样数量

序　号	检验项目	抽样数量/块
1	外观质量	$50(n_1=n_2=50)$
2	尺寸允许偏差	20
3	密度等级	3
4	强度等级	10
5	孔型孔结构及孔洞率	3
6	泛霜	5
7	石灰爆裂	5
8	吸水率和饱和系数	5
9	冻融	5
10	放射性核素限量	3

(5)判定规则。尺寸偏差、外观质量和强度等级的合格性判定规则，均同"烧结普通砖"。

4.3.2　砖砌体工程施工工艺

1. 施工准备

(1)技术准备。

1)熟悉施工图纸，进行图纸会审。

2)编制工程材料、机具、劳动力的需求计划。

3)完成进场材料的见证取样复检及砌筑砂浆的试配工作。

4)编制砖基础、砖墙施工技术交底，并对施工操作人员进行技术交底。

(2)材料准备。

1)机砖：砖的品种、强度等级必须符合设计要求，并应规格一致，有出厂合格证及试验报告。砖应进行强度复试。使用前提前2 d浇水湿润。

2)水泥：一般采用强度等级为32.5级或42.5级普通硅酸盐或矿渣硅酸盐水泥；水泥进场后分批检验其强度、安定性，检验批应以同一生产厂家、同一编号为一批，按《通用硅酸盐水泥》(GB 175—2007)检验合格后方可使用；如果在使用中对水泥质量有怀疑或水泥出厂超过3个月，应复查试验，并按其结果使用。

3)砂：砂一般采用中砂，用5 mm筛孔过筛。砂的含泥量不超过5%。

4)水：使用自来水或天然洁净可供饮用的水。

5)钢筋：砌体中的拉结钢筋应符合设计要求。

(3)施工机具准备。

1)施工机械：砂浆搅拌机、垂直提升机械等。

2)工具用具：大铲、瓦刀、砖夹子、灰斗、扫帚、白线、铁锹、筛子、水壶、手推车、皮数杆等。

3)检测设备：水准仪、经纬仪、钢卷尺、百格网、2 m靠尺、塞尺、磅秤、砂浆试模等。

(4)作业条件准备。

1)基础垫层均已完成，并验收，办理了隐检手续。

2)设置轴线桩，标出基础、墙身及柱身轴线和标高。

3)常温施工时，砌砖前2 d应将砖浇水湿润，砖以水浸入表面下10～20 mm深为宜。

4)制作皮数杆。当基础或砖墙第一层砖的水平灰缝厚度大于20 mm时，应用细石混凝土找平。

5)基槽安全防护已完成，并通过了安全员的验收。

6)脚手架应随砌随搭设；运输通道通畅，各类机具应准备就绪。

(5)施工组织及人员准备。

1)健全现场各项管理制度，专业技术人员持证上岗。

2)班组已进场到位并进行了技术、安全交底。

3)班组生产效率可参考砖基础综合施工定额，见表4-13。

表4-13　砖基础综合施工定额

项目	人　工		材　料	
	时间定额	每工产量	烧结普通砖/块	砂浆/m³
砖基础	0.86	1.16	508	0.242
砖墙	0.86	1.16	508	

2. 砖基础的构造

(1)大放脚的形式。砖基础分为上下两部分。下部为大放脚；上部为基础墙。大放脚有等高式和间隔式。等高式大放脚是指每砌两皮砖(120 mm)，两边各收进1/4砖长(60 mm)，如图4-23(a)所示；间隔式大放脚是指底层砌两皮转，收进1/4砖长，再砌一皮砖，收进 1/4 砖长，以上各层依此类推，如图 4-23(b)所示。

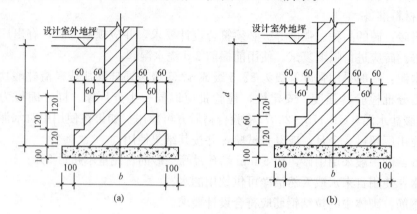

图 4-23　砖基础剖面图

(a)"等高式"砌法；(b)"间隔式"砌法

（2）砖基础的组砌形式。砖基础大放脚一般采用一顺一丁砌筑形式，即：一皮顺砖与一皮丁砖相间隔（每皮砖均为满丁满条），上下皮垂直灰缝相互错开 1/4 砖长（60 mm）。砖基础的转角处、交接处，为错缝需要应加砌七分头（3/4 砖，即 180 mm）或二寸头（1/4 砖，即 60 mm）。

例如：底宽为两砖半，等高式砖基础大放脚转角处分皮砌法，如图 4-24 所示。

（3）基础垫层和防潮层。

1）砖基础底面以下需设垫层，一般为 100 mm 厚 C10 混凝土垫层，每边扩出基础底面边缘不小于 100 mm。

2）在墙基础顶面应设置防潮层。防潮层宜用 1:2 水泥砂浆加适量防水剂铺设，其厚度一般为 20 mm，位置在室内地坪下 60 mm 处。如果 ±0.000 处设置钢筋混凝土圈梁，可起防潮层作用。

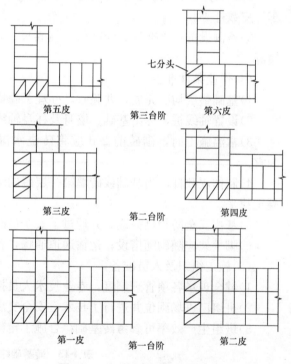

图 4-24　大放脚转角处分皮砌法

3. 砖基础砌筑工艺流程

砖基础砌筑工艺流程，如图 4-25 所示。

4. 砖基础砌筑操作要求

（1）抄平、放线。抄平：当第一层砖的水平灰缝厚度大于 20 mm 时，应用 C15 细石混凝土找平；放线：根据轴线桩及图纸上标注的基础尺寸，在混凝土垫层上用墨线弹出轴线和基础边线；砌筑基础前，应校核放线尺寸，允许偏差应符合表 4-14 的规定。

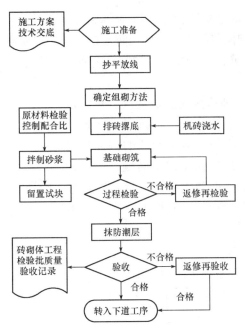

图 4-25　砖基础砌筑工艺流程

表 4-14　放线尺寸的允许偏差

长度 L、宽度 B/m	允许偏差/mm	长度 L、宽度 B/m	允许偏差/mm
L(或 B)≤30	±5	60<L(或 B)≤90	±15
30<L(或 B)≤60	±10	L(或 B)>90	±20

(2)确定组砌方法。组砌方法应正确,一般采用满丁满条。里外咬槎,上下层错缝,采用"三一"砌砖法(即一铲灰,一块砖,一挤揉),严禁用水冲砂浆灌缝的方法。

(3)排砖摆底。

1)基础大放脚的摆底尺寸及收退方法必须符合设计图纸规定,如一层一退,里外均应砌丁砖;如二层一退,第一层为条砖,第二层砌丁砖。

2)大放脚的转角处、交接处,为错缝需要应加砌七分头,其数量为一砖半厚墙放三块,二砖墙放四块,以此类推。

(4)基础砌筑。

1)砌筑前,砖应提前1~2 d浇水湿润;基础垫层表面应清扫干净,洒水湿润。

2)砌筑时,先基础盘角,每次盘角高度不应超过五层砖,随盘随靠平、吊直;采用"三一"砌砖法砌筑。

3)砌至大放脚上部时,要拉线检查轴线及边线,保证基础墙身位置正确。同时,还要对照皮数杆的砖层及标高,如有偏差时,应在基础墙水平灰缝中逐渐调整,使墙的层数与皮数杆一致。

4)砌基础墙应挂线,240 mm墙反手挂线,370 mm以上墙应双面挂线;竖向灰缝不得出现透明缝、瞎缝和假缝。

(5)铺抹防潮层。基础防潮层应在基础墙全部砌到设计标高,并在室内回填土已完成时进行。防潮层可以采用以下做法:

1)一般是铺抹 20 mm 厚的防水砂浆。防水砂浆可采用 1：2.5 水泥砂浆加入水泥质量的 3%～5% 的防水剂搅拌而成。如使用防水粉，应先把粉剂加水，搅拌成均匀的稠浆再添加到砂浆中去。不允许用砌墙砂浆加防水剂来抹防潮层。

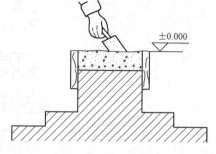

2)浇筑 60 mm 厚的细石混凝土防潮层。对防水要求高的可在砂浆层上铺油毡，但在抗震设防地区不能用。抹防潮层时，应先在基础墙顶的侧面抄出水平标高线，然后用靠尺夹在基础墙两侧，尺面按水平标高线找准，随后摊铺防水砂浆，待初凝后再用木抹子收压一遍，做到平实且表面拉毛，如图 4-26 所示。

图 4-26　铺抹防潮层

5. 砖墙砌筑工艺流程

砖墙砌筑工艺流程，如图 4-27 所示。

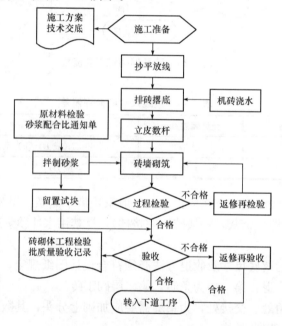

图 4-27　砖墙砌筑工艺流程

6. 砖墙砌筑操作要求

(1)抄平、放线。

1)抄平：砌墙前应在基础防潮层或楼面上定出各层标高，并用强度等级为 M7.5 水泥砂浆或强度等级为 C15 细石混凝土找平，使各段砖墙底部标高符合设计要求。

2)放线：根据轴线及图纸上标注的墙体尺寸，楼层顶面用墨线弹出墙的轴线和墙的宽度线，并定出门洞口位置线。

(2)摆砖摆底。摆砖是指在放线的楼面上按选定的组砌方式用干砖试摆，砖与砖之间留出 10 mm 竖向灰缝宽度。

砖砌体的组砌要求是上下错缝，内外搭接，以保证砌体的整体性。砖墙交接处的摆砖组砌方式，如图 4-28 所示。

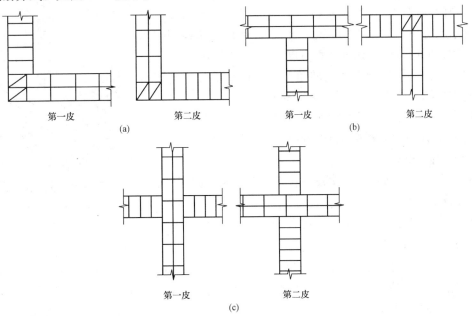

第一皮　　　　　　第二皮
(a)

第一皮　　　　　　第二皮
(b)

第一皮　　　　　　第二皮
(c)

图 4-28　砖墙交接处的摆砖组砌方式

(a)转角接头处；(b)丁字接头处；(c)十字接头处

常用 240 mm 厚砖墙的组砌方式有：一顺一丁、梅花丁和三顺一丁（全顺、全丁、两平一侧），如图 4-29 所示。一顺一丁：一皮中全部顺砖与一皮中全部丁砖相互间隔砌成，上下皮间的竖缝相互错开 1/4 砖长；梅花丁：每皮中丁砖与顺砖相隔，上皮丁砖坐中于下皮顺砖，上下皮间竖缝相互错开 1/4 砖长。

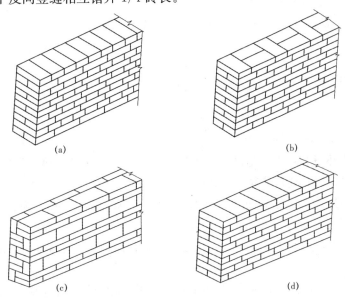

(a)　　　　　　　　　　(b)

(c)　　　　　　　　　　(d)

图 4-29　墙的组砌方法

(a)一顺一丁；(b)梅花丁；(c)两平一侧；(d)三顺一丁

（3）立皮数杆。皮数杆是指在其上划有每皮砖和砖缝厚度，以及门窗洞口、过梁、楼板、梁底、预埋件等标高位置的一种木制标杆，如图 4-30 所示。皮数杆的作用是控制砌体竖向尺寸，同时可以保证砌体垂直度。

1）皮数杆一般设置在墙的转角及纵横墙交接处，当墙面过长时应每隔 10～15 m 竖立一根皮数杆。

2）皮数杆一般绑扎在构造柱钢筋上或钉于木桩上。皮数杆上的＋50 线与构造柱钢筋上＋50 线相吻合，准确无误后方可进行砌体砌筑。

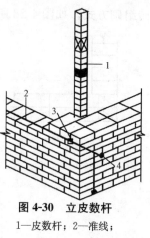

图 4-30 立皮数杆
1—皮数杆；2—准线；
3—卡片；4—小圆钉

3）每次砌筑前应检查一遍皮数杆的垂直度和牢固程度。

（4）砖墙砌筑。

1）砌墙应先从墙角开始，按皮数杆先砌几皮砖，即盘角，俗称把大角。盘角时要选方正的砖，七分头规整一致，砌砖时放平摆正。

2）盘角完成并经检查无误后，即可挂线。一般 240 mm 墙采用单面挂线，370 mm 及以上墙应采用双面挂线。准线应挂在墙角处，挂线时两端应固定拴牢、绷紧。为防止准线过长塌线，可在中间垫一块腰线砖，腰线砖下应坐浆，灰缝厚度同皮数杆灰缝厚度。

3）砌砖宜优先采用"三一"砌砖法，砌砖时砂浆要饱满，砖要放平，"上跟线，下跟棱，左右相邻要对平"；砖与砂浆要挤压紧密、粘结牢固。砌砖采用铺浆法砌筑时，铺浆长度不得超过 750 mm，施工期间气温超过 30 ℃时，铺浆长度不得超过 500 mm。砌筑过程中应三皮一吊、五皮一靠，保证墙面垂直平整。

4）240 mm 厚承重墙每层的最上一皮砖，应整砖丁砌。

5）多孔砖的孔洞应垂直于受压面砌筑。

6）砖砌体施工临时间断处补砌时，必须将接槎处表面清理干净，浇水湿润，并填实砂浆，保持灰缝平直。

4.3.3 砖砌体工程施工质量验收标准

1. 一般规定

（1）用于清水墙、柱表面的砖，应边角整齐、色泽均匀。

（2）在有冻胀环境和条件的地区，地面以下或防潮层以下的砌体，不宜采用多孔砖。

（3）砌筑砖砌体时，砖应提前 1～2 d 浇水湿润。

（4）砌砖工程采用铺浆法砌筑时，铺浆长度不得超过 750 mm；施工期间气温超过 30 ℃时，铺浆长度不得超过 500 mm。

（5）240 mm 厚承重墙每层墙的最上一皮砖，砖砌体的阶台水平面上及挑出层，应整砖丁砌。

（6）砖砌平拱过梁的灰缝应砌成楔形缝。灰缝的宽度，在过梁的底面不应小于 5 mm，在过梁的顶面不应大于 15 mm。拱脚下面应伸入墙内不小于 20 mm，拱底应有 1‰的起拱。

（7）砖过梁底部的模板及其支架拆除时，灰缝砂浆强度不应低于设计强度的 75%。

(8)多孔砖的孔洞应垂直于受压面砌筑。

(9)施工时施砌的蒸压(养)砖的龄期不应小于28 d。

(10)竖向灰缝不得出现透明缝、瞎缝和假缝。

(11)砖砌体施工间断处补砌时，必须将接槎处表面清理干净，浇水湿润，并填实砂浆，保持灰缝平直。

2. 主控项目

(1)砖和砂浆的强度等级必须符合设计要求。

抽检数量：每一生产厂家，烧结普通砖、混凝土实心砖每15万块，烧结多孔砖、混凝土多孔砖、蒸压灰砂砖及蒸压粉煤灰砖每10万块各为一验收批，不足上述数量时按一批计，抽检数量为1组。砂浆试块的抽检数量，每一检验批且不超过250 m³ 砌体的各种类型及强度等级的砌筑砂浆，每台搅拌机应至少抽检一次。

检验方法：检查砖和砂浆试块试验报告。

(2)砌体水平灰缝的砂浆饱满度不得小于80%。砖柱水平灰缝和竖向灰缝饱满度不得低于90%。

抽检数量：每检验批抽查不应少于5处。

检验方法：用百格网检查砖底面与砂浆的粘结痕迹面积。每处检测3块砖，取其平均值。

(3)砖砌体的转角处和交接处应同时砌筑，严禁无可靠措施的内外墙分砌施工。在抗震设防烈度8度及8度以上的地区，对不能同时砌筑而又必须留置的临时间断处应砌成斜槎，普通砖砌体斜槎水平投影长度不小高度的2/3，多孔砖砌体斜槎长高比不应少于1/2。斜槎高度不得超过一步脚手架的高度，如图4-31所示。

抽检数量：每检验批抽查不应少于5处。

检验方法：观察检查。

(4)非抗震设防及抗震设防烈度为6度、7度地区的临时间断处，当不能留斜槎时，除转角处外，可留直槎，但直槎必须做成凸槎，且应加设拉结钢筋，拉结钢筋应符合下列规定：

1)每120 mm墙厚放置1φ6拉结钢筋(120 mm厚墙应放置2φ6拉结钢筋)。

2)间距沿墙高不应超过500 mm；且竖向间距偏差不应超过100 mm。

3)埋入长度从留槎处算起每边均不应小于500 mm，对抗震设防烈度6度、7度的地区，不应小于1 000 mm。

4)末端应有90°弯钩，如图4-32所示。

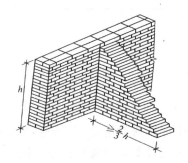

图4-31 烧结普通砖砌体斜槎

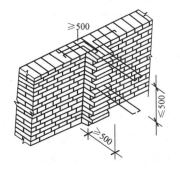

图4-32 烧结普通砖砌体直槎

抽检数量：每检验批抽查不应少于5处。

检验方法：观察和尺量检查。

3. 一般项目

(1)砖砌体组砌方法应正确，内外搭砌，上、下错缝。清水墙、窗间墙无通缝；混水墙中不得有长度大于300 mm的通缝，长度为200～300 mm的通缝每间不超过3处，且不得位于同一面墙体上。砖柱不得采用包心砌法。

抽检数量：每检验批抽查不应少于5处。

检验方法：观察检查。砌体组砌方法抽检每处应为3～5 m。

(2)砖砌体的灰缝应横平竖直，厚薄均匀。水平灰缝厚度及竖向灰缝宽度宜为10 mm，但不应小于8 mm，也不应大于12 mm。

抽检数量：每检验批抽查不应少于5处。

检验方法：水平灰缝厚度用尺量10皮砖砌体高度折算。竖向灰缝宽度用尺量2 m砌体长度折算。

(3)砖砌体的一般尺寸、位置的允许偏差及检验应符合表4-15的规定。

表4-15 砖砌体尺寸、位置的允许偏差及检验

项次	项目			允许偏差/mm	检验方法	抽检数量
1	轴线位移			10	用经纬仪和尺或用其他测量仪器检查	承重墙、柱全数检查
2	基础、墙、柱顶面标高			±15	用水准仪和尺检查	不应小于5处
3	墙面垂直度	每层		5	用2 m托线板检查	不应小于5处
		全高	≤10 m	10	用经纬仪、吊线和尺或其他测量仪器检查	外墙全部阳角
			>10 m	20		
4	表面平整度	清水墙、柱		5	用2 m靠尺和楔形塞尺检查	不应小于5处
		混水墙、柱		8		
5	水平灰缝平直度	清水墙		7	拉5 m线和尺检查	不应小于5处
		混水墙		10		
6	门窗洞口高、宽(后塞口)			±10	用尺检查	不应小于5处
7	外墙下窗口偏移			20	以底层窗口为准，用经纬仪或吊线检查	不应小于5处
8	清水墙游丁走缝			20	以每层第一皮砖为准，用吊线和尺检查	不应小于5处

4.3.4 砖砌体安全环保措施

1. 安全措施

(1)安全区域采用封闭管理，坑、槽边设防护栏。夜间应设红灯标志。

(2)在基坑延边作业时，应观察坑槽壁、边土坡体松动情况、有无松动裂缝，必要时可采取在土体松动、塌方处用钢管、土板、土方支撑等安全支护措施。施工中如发生坍塌，应立即停工，人员撤至安全地点。

(3)施工现场的一切电源、电路的安装和拆除应有持证电工操作。

2. 环保措施

(1)现场施工时对扬尘应有控制措施。施工道路应设专人洒水，堆土应覆盖。

(2)在城市和居民区施工时应有采用低噪声装备或工具、合理安排作业时间等防止噪声措施，并应遵守当地关于防止噪声的相关规定。

≫ 学习单元 4.4 配筋砌体工程施工

在砌体结构中配置钢筋的砌体，以及砌体和钢筋、砂浆或钢筋混凝土组合成的整体，可统称为配筋砌体。有网状配筋砖砌体、面层和砖组合砌体、配筋混凝土砌块砌体、构造柱和砖组合砌体等几种形式。

4.4.1 网状配筋砖砌体施工

1. 网状配筋砖砌体的构造

网状配筋砖砌体实际是在烧结普通砖砌体的水平灰缝中配置钢筋网，有配筋砖柱、砖墙，如图 4-33 所示。

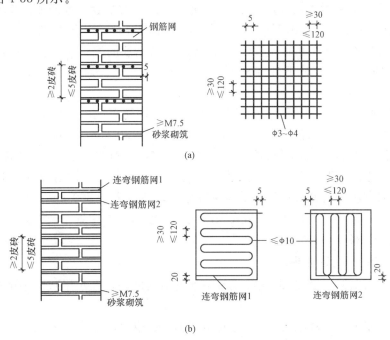

图 4-33 网状配筋砖砌体

(a)方格网；(b)连弯网

2. 网状配筋砖砌体施工

(1)钢筋网应按设计规定制作成型。

(2)砖砌体部分按常规方法砌筑。在配置钢筋网的水平灰缝中，应先铺一半厚的砂浆层放入钢筋网后再铺一半厚砂浆层，使钢筋网居于砂浆层厚度中间。钢筋网四周应有砂浆保护层。

(3)配置钢筋网的水平灰缝厚度：当用方格网时，水平灰缝厚度为2倍钢筋直径加4 mm；当用连弯网时，水平灰缝厚度为钢筋直径加4 mm。确保钢筋上下各有2 mm厚的砂浆保护层。

(4)网状配筋砖砌体外表面宜用1∶1水泥砂浆勾缝或进行抹灰。

4.4.2 面层和砖组合砌体施工

1. 面层和砖组合砌体的构造

(1)面层和砖组合砌体有组合砖柱、组合砖垛、组合砖墙，如图4-34所示。它是由砖墙、混凝土或砂浆面层，以及竖向受力钢筋和箍筋组成。

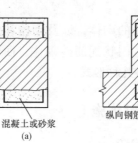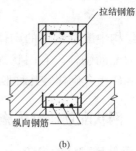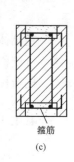

图 4-34 面层和砖组合砌体

(a)组合砖柱；(b)组合砖墙；(c)组合砖墙

(2)砖一般为烧结普通砖，强度等级不宜低于MU10；混凝土面层厚度应大于45 mm，采用强度等级为C20混凝土；砂浆面层厚度为30～45 mm，采用强度等级不小于M7.5的砂浆。

(3)竖向受力钢筋宜采用HPB300，采用混凝土面层时可用HRB335。受力钢筋直径不小于8 mm。钢筋的净间距不应小于30 mm。受拉钢筋的配筋率，不应小于0.1%。受压钢筋一侧的配筋率，对于砂浆面层，不宜小于0.1%；对于混凝土面层，不宜小于0.2%。

(4)箍筋的直径不宜小于4 mm及0.2倍的受压钢筋直径，并不宜大于6 mm。间距不应大于20倍受压钢筋直径及500 mm，并不应小于120 mm。

(5)当组合砖砌体一侧受力钢筋多于4根时，应设置附加箍筋或拉结钢筋。

(6)对于组合砖墙，应采用穿通墙体的拉结钢筋作为箍筋，同时设置水平分布钢筋。水平分布钢筋竖向间距及拉结钢筋的水平间距，均不应大于500 mm。受力钢筋与砖砌体表面的距离不应小于5 mm。设置在灰缝内的钢筋，应居中置于灰缝内，水平灰缝厚度应大于钢筋直径4 mm以上。

2. 面层和砖组合砌体施工

(1)砌筑砖砌体，同时按照箍筋或拉结筋的竖向间距，在水平灰缝中铺置箍筋或拉结筋。

(2)绑扎钢筋。将纵向受力钢筋与箍筋绑牢，在组合砖墙中，将纵向受力钢筋与拉结筋绑牢，将水平分布钢筋与纵向受力钢筋绑牢。

(3)在面层部分的外围分段支设模板，每段支模高度宜在500 mm以内。浇水湿润模板及砖砌体面，分层浇灌混凝土或砂浆，并用振捣棒捣实。

(4)待面层混凝土或砂浆的强度达到其设计强度的30%以上，方可拆除模板。如有缺陷应及时修整。

4.4.3 配筋砌块砌体施工

1. 配筋砌块砌体的构造

配筋砌块砌体是在砌块墙体上下贯通的竖向孔洞中插入竖向钢筋，并用灌孔混凝土灌实，使竖向和水平钢筋与砌体形成一个共同工作的整体。由于这种墙体主要用于中高层或高层房屋中起剪力墙作用，故又称配筋砌块剪力墙，如图 4-35 所示。

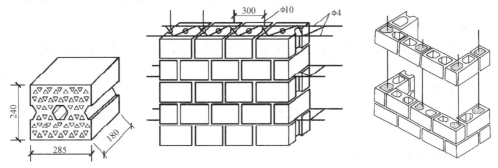

图 4-35 配筋砌块剪力墙

砌块强度等级不应低于 MU10；砌筑砂浆强度等级不应低于 M7.5；灌孔混凝土强度等级不应低于 C20。

配筋砌块剪力墙的构造配筋应符合以下要求：

(1)在墙的转角、端部和孔洞的两侧配置竖向连续的钢筋，钢筋直径不宜小于 12 mm。

(2)在洞口的底部和顶部设置不小于 2φ10 的水平钢筋，其伸入墙内的长度不宜小于 35d 和 400 mm(d 为钢筋直径)。

(3)应在楼(屋)盖的所有纵横墙处设置现浇钢筋混凝土圈梁，圈梁的宽度和高度宜等于墙厚和砌块高，圈梁主筋不应少于 4φ10，圈梁的混凝土强度等级不宜低于同层混凝土砌块强度等级的 2 倍，或该层灌孔混凝土的强度等级也不应低于 C20。

(4)剪力墙其他部位的竖向和水平钢筋的间距不应大于墙长、墙高的一半，也不应大于 1 200 mm。对局部灌孔的砌块砌体，竖向钢筋的间距不应大于 600 mm。

(5)剪力墙沿竖向和水平方向的构造配筋率均不宜小于 0.07%。配筋砌块柱所用材料的强度要求同配筋砌块剪力墙。配筋砌块柱截面边长不宜小于 400 mm，柱高度与柱截面短边之比不宜大于 30。配筋砌块柱的构造配筋应符合下列规定：

1)柱的纵向钢筋的直径不宜小于 12 mm，数量不少于 4 根，全部纵向受力钢筋的配筋率不宜小于 0.2%。

2)箍筋设置应根据下列情况确定：

①当纵向受力钢筋的配筋率大于 0.25%，且柱承受的轴向力大于受压承载力设计值 25% 时，柱应设箍筋；当配筋率小于 0.25%，或柱承受的轴向力小于受压承载力设计值的 25% 时，柱中可不设置箍筋。

②箍筋直径不宜小于 6 mm。

③箍筋的间距不应大于 16 倍的纵向钢筋直径、48 倍箍筋直径及柱截面短边尺寸中

较小者。

④箍筋应做成封闭状，端部应有弯钩。

⑤箍筋应设置在水平灰缝或灌孔混凝土中。

2. 配筋砌块砌体的施工

配筋砌块砌体施工前，应按设计要求将所配置钢筋加工成型，堆置于配筋部位的近旁。砌块的砌筑应与钢筋设置互相配合。并应采用专用的小砌块砌筑砂浆和专用的小砌块灌孔混凝土。

钢筋的设置应注意以下事项：

(1)钢筋直径大于 22 mm 时宜采用机械连接接头，其他直径的钢筋可采用搭接接头，并应符合以下要求：

1)钢筋的接头位置宜设在受力较小处。

2)受拉钢筋的搭接接头长度不应小于 $1.1l_a$，受压钢筋的搭接接头长度不应小于 $0.7l_a$(l_a 为钢筋锚固长度)，且不应小于 300 mm。

3)当相邻接头钢筋的间距不大于 75 mm 时，其搭接长度应为 $1.2l_a$。当钢筋间的接头错开 $20d$ 时(d 为钢筋直径)，搭接长度可不增加。

(2)水平受力钢筋(网片)的锚固和搭接长度。

1)在凹槽砌块混凝土带中钢筋的锚固长度不宜小于 $30d$，且其水平或垂直弯折段的长度不宜小于 $15d$ 和 200 mm；钢筋的搭接长度不宜小于 $35d$。

2)在砌体水平灰缝中，钢筋的锚固长度不宜小于 $50d$，且其水平或垂直弯折段的长度不宜小于 $20d$ 和 150 mm；钢筋的搭接长度不宜小于 $55d$。

3)在隔皮或错缝搭接的灰缝中为 $50d+2h$(d 为灰缝受力钢筋直径，h 为水平灰缝的间距)。

(3)钢筋的最小保护层厚度。

1)灰缝中钢筋外露砂浆保护层不宜小于 15 mm。

2)位于砌块孔槽中的钢筋保护层，在室内正常环境不宜小于 20 mm；在室外或潮湿环境中不宜小于 30 mm。

3)对安全等级为一级或设计使用年限大于 50 年的配筋砌体，钢筋保护层厚度应比上述规定至少增加 5 mm。

(4)钢筋的弯钩。钢筋骨架中的受力光面钢筋，应在钢筋末端做弯钩，在焊接骨架、焊接网以及受压构件中，可不做弯钩；绑扎骨架中的受力变形钢筋，在钢筋的末端可不做弯钩。弯钩应为 180°弯钩。

(5)钢筋的间距。

1)两平行钢筋间的净距不应小于 25 mm。

2)柱和壁柱中的竖向钢筋的净距不宜小于 40 mm(包括接头处钢筋间的净距)。

4.4.4 构造柱和砖组合砌体施工

1. 构造柱和砖组合砌体的构造

(1)构造柱和砖组合砌体由钢筋混凝土构造柱、烧结普通砖及拉结筋组成。

(2)构造柱的截面尺寸不宜小于 240 mm×240 mm，其厚度不宜小于墙厚，边柱、角柱的截面宽度宜适当加大。纵向钢筋不宜小于4φ12，边柱、角柱不宜小于4φ14。箍筋宜采用φ6，间距为200 mm，楼层上下500 mm范围内为100 mm。构造柱的竖向受力钢筋应在基础梁和楼层圈梁中锚固，并应符合受拉钢筋的锚固要求。构造柱的混凝土强度等级不宜低于C20。

(3)烧结普通砖墙，所用砖的强度等级不应低于MU10，砂浆强度等级不应低于M5。

2. 构造柱和砖组合砌体的施工

构造柱施工工程序为：钢筋绑扎→砌砖墙→构造柱模板支设→浇筑混凝土→拆模。

(1)构造柱钢筋绑扎工艺流程：预制构造柱钢筋骨架→修整底层伸出的构造柱搭接筋→安装构造柱钢筋骨架→绑扎搭接部位箍筋。

(2)构造柱钢筋绑扎操作要求。

1)预制构造柱钢筋骨架。

①先将两根竖向受力钢筋平放在绑扎架上，并在钢筋上画出箍筋间距。

②根据画线位置，将箍筋套在受力筋上逐个绑扎，要预留出搭接部位的长度。为防止骨架变形，宜采用反十字扣或套扣绑扎。箍筋应与受力钢筋保持垂直；箍筋弯钩叠合处，应沿受力钢筋方向错开放置。

③穿另外两根受力钢筋，并与箍筋绑扎牢固。箍筋端头平直长度不小于$10d$（d为箍筋直径），弯钩角度不小于135°。

④在柱顶、柱脚与圈梁钢筋交接的部位，应按设计要求加密柱的箍筋，加密范围一般在圈梁上、下均不应小于1/6层高或500 mm，箍筋间距不宜大于100 mm。

2)修整底层伸出的构造柱搭接筋。根据已放好的构造柱位置线，检查搭接筋位置及搭接长度是否符合设计和规范的要求。底层构造柱竖筋与基础圈梁锚固；无基础圈梁时，埋设在柱根部混凝土座内，如图4-36所示。

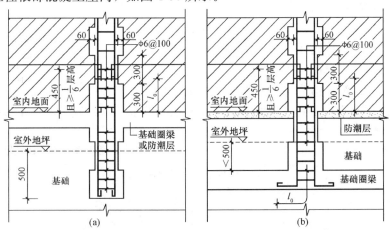

图4-36 构造柱与基础连接

(a)底层构造柱竖筋与基础圈梁锚固；(b)埋没在柱根部混凝土座内

3)安装构造柱钢筋骨架。先在搭接处钢筋套上箍筋，然后将预制构造柱钢筋骨架立起来，对正伸出的搭接筋，搭接倍数不低于$35d$，对好标高线，在竖筋搭接部位各绑3个扣。骨架调整后，可以绑根部加密区箍筋。

4)绑扎搭接部位钢筋。

①构造柱钢筋必须与各层纵横墙的圈梁钢筋绑扎连接，形成一个封闭框架。

②砖墙与构造柱的连接处应砌成马牙槎，每一个马牙槎的高度不宜超过 300 mm，并沿墙高每 500 mm 埋设两根 2φ6 水平拉结筋，拉结筋每边伸入墙内不宜小于 600 mm。如图 4-37 所示。

③构造柱钢筋绑扎后，应对其进行修整，以保证钢筋位置及间距准确。

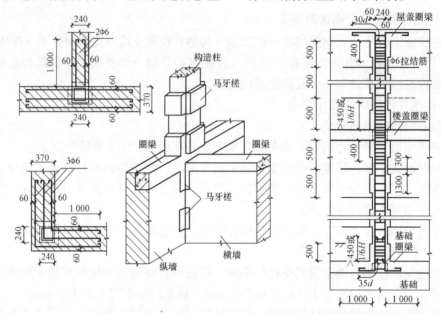

图 4-37　构造柱马牙槎及水平拉结筋设置

(3)构造柱模板支设施工工艺。

1)构造柱模板支设工艺流程：构造柱模板支设工艺流程：准备工作→支构造柱模板→办预检手续。

2)构造柱模板支设操作要求。

①准备工作。清除构造柱马牙槎内的砂浆杂物。

②支构造柱模板。构造柱模板可采用木模板或定型组合钢模板。构造柱模板一般可参照图4-38、图 4-39 支设，根部应留置清扫口。

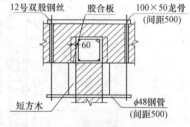

图 4-38　构造柱模板支设(一)

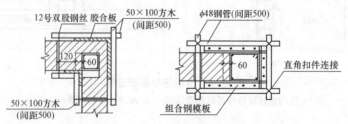

图 4-39　构造柱模板支设(二)

为防止浇筑混凝土时模板膨胀，用木模或组合钢模板贴在外墙面上，并每隔 1 m 以左右设两根拉条，拉条与内墙拉结，拉条直径不应小于φ10。拉条穿过砖墙的洞要预留，留洞位置要求距地面 30 cm 开始，每隔 1 m 以内留一道，留洞的平面位置在构造柱大马牙槎以外一丁头砖处。

（4）构造柱混凝土浇筑。

1）构造柱浇筑混凝土之前，将马牙槎部位和模板浇水湿润，将模板内的落地灰、砖渣等杂物清理干净，并在结合面处注入适量与构造柱混凝土相同的去石水泥砂浆。

2）构造柱混凝土坍落度宜为 50～70 mm，石子粒径不宜大于 20 mm。混凝土随拌随用，拌好的混凝土应在 1.5 h 内用完。

3）构造柱混凝土浇灌可以分段进行，每段高度不宜大于 2.0 m。在施工条件较好并能确保混凝土浇灌密实时，也可每层一次浇灌。

4）捣实构造柱混凝土时，宜用插入式振动器，分层振捣，振动棒随振随拔，每次振捣层的厚度不应超过振动棒长度的 1.25 倍。振动棒应避免直接碰触砖墙，严禁通过砖墙传振。钢筋的混凝土保护层厚度宜为 20～30 mm。

5）构造柱与砖墙连接的马牙槎内的混凝土必须密实、饱满。

4.4.5　配筋砌体施工质量验收标准

1. 主控项目

（1）钢筋的品种、规格、数量和设置部位应符合设计要求。

检验方法：检查钢筋的合格证书、钢筋性能复试试验报告、隐蔽工程记录。

（2）构造柱、芯柱、组合砌体构件、配筋砌体剪力墙构件的混凝土及砂浆的强度等级应符合设计要求。

抽检数量：每检验批砌体，试块不应小于 1 组，验收批砌体试块不得小于 3 组。

检验方法：检查混凝土和砂浆试块试验报告。

（3）构造柱与墙体的连接处应符合下列规定：

1）墙体应砌成马牙槎，马牙槎凹凸尺寸不宜小于 60 mm，高度不应超过 300 mm，马牙槎应先退后进，对称砌筑；马牙槎尺寸偏差每一构造柱不应超过 2 处。

2）预留拉结钢筋的规格、尺寸、数量及位置应正确，拉结钢筋应沿墙高每隔 500 mm设 2φ6，伸入墙内不宜小于 600 mm，钢筋的竖向移位不应超过 100 mm，且竖向移位每一构造柱不得超过 2 处。

3）施工中不得任意弯折拉结钢筋。

抽检数量：每检验批抽查不应少于 5 处。

检验方法：观察检查和尺量检查。

（4）配筋砌体中受力钢筋的连接方式及锚固长度、搭接长度应符合设计要求。

抽检数量：每检验批抽查不应少于 5 处。

检验方法：观察检查。

2. 一般项目

（1）构造柱一般尺寸允许偏差及检验方法应符合表 4-16 的规定。

抽检数量：每检验批抽查不应少于 5 处。

表 4-16　构造柱一般尺寸允许偏差及检验方法

项次	项目		允许偏差/mm	检验方法
1	中心线位置		10	用经纬仪和尺检查或用其他测量仪器检查
2	层间错位		8	用经纬仪和尺检查或用其他测量仪器检查
3	垂直度	每层	10	用 2 m 托线板检查
		全高　≤10 m	15	用经纬仪、吊线和尺检查或用其他测量仪器检查
		>10 m	20	

（2）设置在砌体灰缝中钢筋的防腐保护应符合设计要求，且钢筋保护层完好，不应有肉眼可见裂纹、剥落和擦痕等缺陷。

抽检数量：每检验批抽查不应少于 5 处。

检验方法：观察检查。

（3）网状配筋砖砌体中，钢筋网规格及放置间距应符合设计规定。每一构件钢筋网沿砌体高度位置超过设计规定一皮砖厚不得多于 1 处。

抽检数量：每检验批抽查不应少于 5 处。

检验方法：通过钢筋网成品检查钢筋规格，钢筋网放置间距采用局部剔缝观察，或用探针刺入灰缝内检查，或用钢筋位置测定仪测定。

（4）钢筋安装位置的允许偏差及检验方法应符合表 4-17 的规定。

抽检数量：每检验批抽查不应少于 5 处。

表 4-17　钢筋安装位置允许偏差及检验方法

项目		允许偏差/mm	检验方法
受力钢筋保护层厚度	网状配筋砌体	±10	检查钢筋网成品，钢筋网放置位置局部剔缝观察，或用探针刺入灰缝内检查，或用钢筋位置测定仪测定
	组合砖砌体	±5	支模前观察与尺量检查
	配筋小砌块砌体	±10	浇筑灌孔混凝土前观察检查与尺量检查
配筋小砌块砌体墙凹槽中水平钢筋间距		±10	钢尺量连续三档，取最大值

4.4.6　圈梁施工

圈梁虽然不属于配筋砌体，但是在砖混结构主体工程中，圈梁施工是重要的施工项目。

圈梁施工程序为：圈梁钢筋绑扎→圈梁侧模支设→浇筑混凝土→拆模。

1. 圈梁钢筋绑扎

（1）圈梁钢筋绑扎工艺流程：画钢筋位置线→放箍筋→穿圈梁受力筋→绑扎箍筋。

（2）圈梁钢筋绑扎操作要求。

1）砌完砖墙或支完洞口圈梁底模后，即可绑扎圈梁钢筋。圈梁钢筋一般在模内绑扎，按设计图纸要求间距画箍筋位置线，放箍筋后穿受力钢筋。箍筋搭接处应沿受力钢筋互相错开。

2）圈梁与构造柱钢筋交叉处，圈梁钢筋宜放在构造柱受力钢筋内侧。圈梁钢筋在构造柱部位搭接时，其搭接倍数或锚入柱内长度要符合设计要求。

3）圈梁钢筋的搭接长度要符合设计图纸规定的要求。当设计图纸未作规定时应符合《混凝土结构工程施工质量验收规范》(GB 50204—2015)对钢筋搭接的有关要求。

4）圈梁钢筋应互相交圈，在内墙交接处、墙大角转角处的锚固长度，均要符合设计要求。

5）楼梯间、垃圾道及洞口等部位的圈梁钢筋被切断时，应搭接补强，构造方法应符合设计要求，标高不同的高低圈梁钢筋，应按设计要求搭接或连接。

6）安装在山墙圈梁上的预应力圆孔板，其外露的预应力筋（即胡子筋）要符合设计图纸规定的要求。当设计图纸未作规定时按标准图集要求锚入圈梁钢筋内。

7）圈架钢筋绑完后，应加水泥砂浆垫块，以控制受力钢筋的保护层。

（3）圈梁钢筋绑扎质量验收标准。

1）主控项目。

钢筋安装时，受力钢筋的品种、级别、规格和数量必须符合设计要求。

检查数量：全数检查。

检验方法：观察，钢尺检查。

2）一般项目。

钢筋安装位置的允许偏差和检验方法应符合表 4-18 的规定。

检查数量：在同一检验批内，对梁、柱和独立基础，应抽查构件数量的 10%，且不少于 3 件；对墙和板，应按有代表性的自然间抽查 10%，且不行于 3 间；对大空间结构，墙可按相邻轴线间高度 5 m 左右划分检查面，板可按纵、横轴线划分检查面，抽查 10%，且均不少于 3 面。

表 4-18　钢筋安装位置的允许偏差和检验方法

项　目			允许偏差/mm	检验方法
绑扎钢筋网	长、宽		±10	钢尺检查
	网眼尺寸		±20	钢尺量连续三档，取最大值
绑扎钢筋骨架	长		±10	钢尺检查
	宽、高		±5	钢尺检查
受力钢筋	间距		±10	钢尺量两端、中间各一点
	排距		±5	取最大值
	保护层厚度	基础	±10	钢尺检查
		柱、梁	±5	钢尺检查
		板、墙、壳	±3	钢尺检查
绑扎箍筋、横向钢筋间距			±20	钢尺量连接三档，取最大值
钢筋弯起点位置			20	钢尺检查
预埋件	中心线位置		5	钢尺检查
	水平高差		+3，0	钢尺和塞尺检查

注：1. 检查预埋件中心线位置时，应沿纵、横两个方向量测，并到其中的较大值；
　　2. 表中梁类、板类构件上部纵向受力钢筋保护层厚度的合格点率应达到 90% 及以上，且不得有超过表中数值 1.5 倍的尺寸偏差。

2. 圈梁模板支设

(1)圈梁模板支设工艺流程：准备工作→支圈梁模板→办预检手续。

(2)圈梁模板支设操作要求。圈梁支模一般采用挑扁担支模法和硬架支模法。

1)挑扁担支模法。在圈梁底面下一皮砖处，每隔 1 m 留丁砖穿方孔洞，穿 50 mm× 100 mm方木作扁担，竖立两侧模板，用锁口木方及斜撑支牢，如图 4-40 所示，或采用定制的钢管卡具支设，如图 4-41 所示。

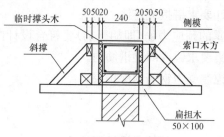

图 4-40　挑扁担支模法

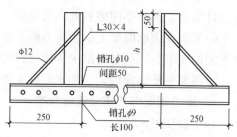

图 4-41　定制钢管卡具示意图

2)硬架支模法。硬架支模是指在支圈梁模板时，为预制空心板提供临时支撑点，其优点是保证楼板平整，加快施工进度。硬架支模施工工艺流程：绑扎圈梁钢筋→支圈梁模板→吊装预制楼板→浇筑圈梁混凝土，如图 4-42 所示。

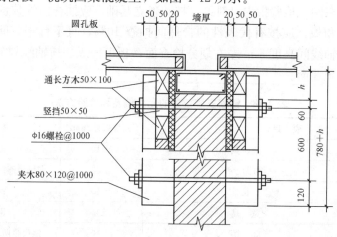

图 4-42　硬架支模法

3. 圈梁模板支设质量验收标准

(1)主控项目。

在涂刷模板隔离剂时，不得沾污钢筋和混凝土接槎处。

检查数量：全数检查。

检验方法：观察。

(2)一般项目。

1)模板安装应满足下列要求：

①模板的接缝不应漏浆；在浇筑混凝土前，木模板应浇水湿润，但模板内不应有积水。

②浇筑混凝土前，模板内的杂物应清理干净。

检查数量：全数检查。

检验方法：观察。

2)现浇结构模板安装的允许偏差及检验方法应符合表 4-19 的规定

表 4-19　现浇结构模板安装的允许偏差及检验方法

项　　目		允许偏差/mm	检验方法
轴线位置		5	钢尺检查
底模上表面标高		±5	水准仪或拉线、钢尺检查
截面内部尺寸	基　础	±10	钢尺检查
	柱、墙、梁	+4，−5	钢尺检查
层高垂直度	不大于 5 m	6	经纬仪或吊线、钢尺检查
	大于 5 m	8	经纬仪或吊线、钢尺检查
相邻两板表面高低差		2	钢尺检查
表面平整度		3	2 m 靠尺和塞尺检查

注：检查轴线位置时，应沿纵、横两个方向量测，并取其中的较大值。

检查数量：在同一检验批内，对梁、柱和独立基础，应抽查构件数量的 10%，且不少于 3 件；对墙和板，应按有代表性的自然间抽查 10%，且不少于 3 间；对大空间结构，墙可按相邻轴线间高度 5 m 左右划分检查面，板可按纵、横轴线划分检查面，抽查 10%，且均不少于 3 面。

≫≫ 学习单元 4.5　填充墙工程施工（砌块砌体）

填充墙常用蒸压加气混凝土砌块、轻集料混凝土小型空心砌块砌筑。填充墙砌体工程施工应遵循的规范、规程如下：

(1)《建筑工程施工质量验收统一标准》(GB 50300—2013)。

(2)《砌体结构工程施工质量验收规范》(GB 50203—2011)。

(3)《砌体结构工程施工规范》(GB 50924—2014)。

(4)《蒸压加气混凝土砌块》(GB 11968—2006)。

(5)《轻集料混凝土小型空心砌块》(GB/T 15229—2011)。

4.5.1　加气混凝土砌块砌筑

1. 蒸压加气混凝土砌块进场检验

蒸压加气混凝土砌块是以水泥、矿渣、砂、石灰等为主要原料，加入发气剂，经搅拌成型、蒸压养护而成的实心砌块。加气混凝土砌块应符合国家标准《蒸压加气混凝土砌块》(GB 11968—2006)的规定。

（1）砌块的规格、尺寸允许偏差和外观质量应符合表 4-20 的规定。

表 4-20　砌块的规格、尺寸允许偏差和外观质量

项　目			指标	
			优等品 (A)	合格品 (B)
尺寸允许 偏差/mm	长度 L/mm	600	±3	±4
	宽度 B/mm	100、120、125、150、180、 200、240、250、300	±1	±2
	高度 H/mm	200、240、250、300	±1	±2
缺棱、掉角	最小尺寸不得大于/mm		0	30
	最大尺寸不得大于/mm		0	70
	大于以上尺寸的缺棱掉角个数，不多于/个		0	2
裂纹长度	贯穿一棱二面的裂纹长度不得大于裂纹所在面的 裂纹方向尺寸总和的		0	1/3
	任一面上的裂纹长度不得大于裂纹方向尺寸的		0	1/2
	大于以上尺寸的裂纹条数，不多于/条		0	2
爆裂、黏膜和损坏深度不得大于/mm			10	30
平面弯曲			不允许	
表面疏松、层裂			不允许	
表面油污			不允许	

（2）砌块的抗压强度应符合表 4-21 的规定。

表 4-21　砌块的抗压强度

强度级别	立方体抗压强度	
	平均值 不小于/MPa	单组最小值 不小于/MPa
A1.0	1.0	0.8
A2.0	2.0	1.6
A2.5	2.5	20
A3.5	3.5	2.8
A5.0	5.0	4.0
A7.5	7.5	6.0
A10.0	10.0	8.0

（3）砌块的干密度应符合表 4-22 的规定。

表 4-22　砌块的干密度

干密度级别			B03	B04	B05	B06	B07	B08
干密度/(kg·m⁻³)	优等品(A)	≤	300	400	500	600	700	800
	合格品(B)	≤	325	425	525	625	725	825

(4)砌块的强度级别应符合表4-23的规定。

表4-23　砌块的强度级别

干密度级别		B03	B04	B05	B06	B07	B08
强度级别	优等品(A)	A1.0	A2.0	A3.5	A5.0	A7.5	A10.0
	合格品(B)			A2.5	A3.5	A5.0	A7.5

(5)蒸压加气混凝土砌块的现场验收。

1)抽样规则。

①同品种、同规格、同等级的砌块,以1万块为一批,不足1万块亦为一批,随机抽取50块砌块,进行尺寸偏差、外观检验。

②从外观与尺寸偏差检验合格的砌块中,随机抽取6块砌块制作试件,进行如下项目检验:

a.干密度:3组9块;

b.强度级别:3组9块。

2)判定规则。

蒸压加气混凝土砌块应有产品质量证明书。进场检验中受检验产品的尺寸偏差、外观质量、立方体抗压强度、干密度各项检验全部符合相应等级的技术要求规定时,判定为相应等级;否则降等级或判定为不合格。

①尺寸偏差、外观质量:若受检的50块砌块中,尺寸偏差和外观质量不应符合表4-20规定的砌块数量不超过5块时,判定该批砌块符合相应等级;若不符合表4-20规定的砌块数量超过5块时,判定该批砌块不符合相应等级。

②干密度:以3组干密度试件的测定结果平均值判定砌块的干密度级别,符合表4-22规定时则判定该批砌块合格。

③立方体抗压强度:以3组抗压强度试件测定结果按表4-21判定其强度级别。当强度和干密度级别关系符合表4-23的规定,同时,3组试件中各个单组抗压强度平均值全部大于表4-21规定的此强度级别的最小值时,判定该批砌块符合相应等级;若有1组或1组以上此强度级别的最小值时,判定该批砌块不符合相应等级。

2. 蒸压加气混凝土砌块砌筑工艺

(1)施工准备。

1)技术准备。

①砌筑前,应认真熟悉图纸,审核施工图纸。

②编制蒸压加气混凝土砌块填充墙施工技术交底。

③委托材料复试、砌筑砂浆配合比设计。

④核查门窗洞口位置及洞口尺寸,明确预留位置,计算窗台及过梁标高。

2)材料要求。

①加气混凝土砌块:具有出厂合格证,其强度等级及干密度必须符合设计要求及施工规范的规定。

②水泥:宜采用32.5级普通硅酸盐水泥、矿渣硅酸盐水泥或复合硅酸盐水泥。水泥应有出厂质量证明,水泥进场使用前应分批对其强度、安定性进行复验。检验批应以同一生产厂家、同一编号为一批。

③砂：宜用中砂，过 5 mm 孔径筛子，并不应含有杂物。砂含泥量，对强度等级等于和高于 M5 的砂浆，不应超过 5%。

④掺合料：石灰膏熟化时不得少于 7 d。

⑤水：拌制砂浆用饮用水即可。

⑥其他材料。

a.墙体拉结钢筋，预埋于构造柱内的拉结钢筋要事先下料加工成型，放置于作业面随砌随用。框架拉结钢筋要事先预埋在结构墙柱中，砌筑前焊接接长；如果采用后置式与结构锚固，要进行拉拔强度试验。

b.门、窗洞口木砖事先制作，并进行防腐处理；固定外窗用的混凝土块事先制作。

c.门、窗洞口预制混凝土过梁，按规格堆放。

3)施工机具准备。

①施工机械：砂浆搅拌机、垂直运输机械等。

②工具用具：磅秤、筛子、铁锹、小推车、喷水壶、小白线、大铲或瓦刀、手锯、灰斗、线坠、皮数杆、托线板等。

③检测设备：水准仪、经纬仪、钢卷尺、靠尺、百格网、砂浆试模等。

4)作业条件准备。

①弹出楼层轴线或主要控制线，制作皮数杆。

②构造柱钢筋绑扎，隐检验收完毕。

③确定砌筑砂浆配合比，有书面配合比试配单。

④做好水电管线的预留预埋工作。

⑤外防护脚手架应随着楼层搭设完毕，已准备好工具式脚手架。

⑥"三宝"配备齐全，"四口"和临边做好防护。

(2)蒸压加气混凝土砌块施工工艺流程，如图 4-43 所示。

(3)蒸压加气混凝土砌块砌筑操作要求。

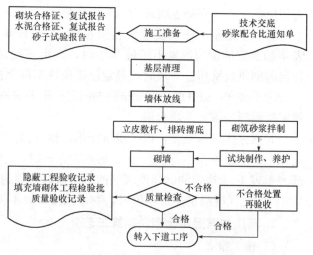

图 4-43　蒸压加气混凝土砌块施工工艺流程

1)基层清理。在砌筑砖体前应对墙基层进行清理，将楼层上的浮浆、灰尘清扫冲洗干净，并浇水使基层湿润。

2)墙体放线。根据楼层中的控制轴线，测放出每一楼层墙体的轴线和门窗洞口的位置线，将窗台和窗顶标高画在框架柱上。施工放线完成后，经监理工程师验收合格，方可进行墙体砌筑。

3)立皮数杆、排砖摆底。

①在皮数杆上标出砖的皮数及灰缝厚度，并标出窗台、洞口及墙梁等构造标高。

②根据要砌筑的墙体长度、高度试排砖，摆出门、窗及孔洞位置。

③砌筑前应预先试排砌块，并优先使用整体砌块。当墙长与砌块不符合模数时，可

锯裁加气混凝土砌块，长度不应小于砌块长度的1/3。

4)砌墙。

①砌筑前，墙底部应砌烧结普通砖或多孔砖，或现浇 C20 混凝土坎台，其高度不宜小于 150 mm。

②框架柱、剪力墙侧面等结构部位应预埋 φ6 的拉墙筋和圈梁的插筋，或者结构施工后植钢筋。

③加气混凝土砌块，宜采用铺浆法砌筑，垂直灰缝宜采用内外夹板夹紧后灌缝。水平灰缝厚度和竖向灰缝宽度分别宜为 15 mm 和 20 mm，灰缝应横平竖直、砂浆饱满，宜进行勾缝。水平灰缝和垂直灰缝砂浆饱满度不小于 80%。

④断开砌块时，应使用手锯、切割机等工具锯裁整齐，不允许用斧或瓦刀任意砍劈。蒸压加气混凝土砌块搭砌长度不应小于砌块总长的 1/3，竖向通缝不应大于 2 皮砌块。

⑤砌块墙的转角处应隔皮纵、横墙砌块相互搭砌。砌块墙的 T 形交接处应使横墙砌块隔断面露头，如图 4-44 所示。

⑥有抗震要求的填充墙砌体，严格按设计要求留设构造柱，当设计无要求时，按墙长度每 5 m 设构造柱。构造柱应置于墙的端部、墙角和 T 形交叉处。构造柱马牙槎应先退后进，进退尺寸大于 60 mm，进退高度宜为砌块 1～2 层高度，且在 300 mm 左右。填充墙与构造柱之间以 φ6 拉结筋连接，拉结筋按墙厚每 120 mm 放置一根，120 mm 厚墙放置两根拉结筋。拉结筋埋于砌体的水平灰缝中，对抗震设防烈度 6 度、7 度的地区，不应小于 1 000 mm，末端应做 90°弯钩，如图 4-45 所示。

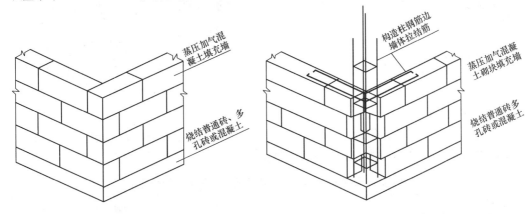

图 4-44 蒸压加气混凝土砌块砌法　　　图 4-45 蒸压加气混凝土砌块填充墙构造柱

⑦蒸压加气混凝土砌块不得与砖、其他砌块混砌。但因构造要求在墙底、墙顶及门窗洞口处局部采用烧结普通砖和多孔砖砌筑不视为混砌。

⑧填充墙砌至接近梁底、板底时，应留一定的空隙，待填充墙砌筑完并至少间隔 14 d 后，再将其补砌挤紧，防止上部砌体因砂浆收缩而开裂。当上部空隙小于等于 20 mm 时，用 1:2 水泥砂浆嵌填密实；稍大的空隙用细石混凝土镶填密实；大空隙用烧结普通砖或多孔砖宜成 60°角斜砌挤紧，但砌筑砂浆必须密实，不允许出现平砌、生摆等现象。

3. 填充墙砌体施工质量验收标准

(1)主控项目。

1)烧结空心砖、小砌块和砌筑砂浆的强度等级应符合设计要求。

抽检数量：烧结空心砖每10万块为一验收批，小砌块每1万块为一验收批，不足上述数量时按一批计，抽检数量为一组。砂浆试块的抽检数量执行相关规范的规定。

检验方法：检查砖、小砌块进场复验报告和砂浆试块试验报告。

2)填充墙砌体应与主体结构可靠连接，其连接构造应符合设计要求，未经设计同意，不得随意改变连接构造方法。每一填充墙与柱的拉结筋的位置超过一皮块体高度的数量不得多于一处。

抽检数量：每检验批抽查不应少于5处。

检验方法：观察检查。

3)填充墙与承重墙、柱、梁的连接钢筋，当采用化学植筋的连接方式时，应进行实体检测。锚固钢筋拉拔试验的轴向受拉非破坏承载力检验值应为6.0 kN。抽检钢筋在检验值作用下应基材无裂缝、钢筋无滑移，宏观裂损现象；持荷2 min期间荷载值降低不大于5%。检验批验收可按规范通过正常检验一次、二次抽样判定。填充墙砌体植筋锚固力检测记录可按规范填写。

抽检数量：按表4-24确定。

检验方法：原位试验检查。

表4-24　检验批抽检锚固钢筋样本最小容量

检验批的容量	样本最小容量	检验批的容量	样本最小容量
≤90	5	281～500	20
91～150	8	501～1 200	32
151～280	13	1 201～3 200	50

(2)一般项目。

1)填充墙砌体尺寸、位置的允许偏差及检验方法应符合表4-25的规定。

抽检数量：每检验批抽查不应少于5处。

表4-25　填充墙砌体尺寸、位置的允许偏差及检验方法

项次	项目		允许偏差/mm	检验方法
1	轴线位移		10	用尺检查
2	垂直度(每层)	≤3 m	5	用2 m托线板或吊线、尺检查
		>3 m	10	
3	表面平整度		8	用2 m靠尺和楔形尺检查
4	门窗洞口高、宽(后塞口)		±10	用尺检查
5	外墙上、下窗口偏移		20	用经纬仪或吊线检查

2)填充墙砌体的砂浆饱满度及检验方法应符合表4-26的规定。

抽检数量：每检验批抽查不应少于5处。

表 4-26 填充墙砌体的砂浆饱满度及检验方法

砌体分类	灰缝	饱满度及要求	检验方法
空心砖砌体	水平	≥80%	采用百格网检查块材底面砂浆的粘结痕迹面积
	垂直	填满砂浆,不得有透明缝、瞎缝、假缝	
加气混凝土砌块和轻集料混凝土小砌块砌体	水平	≥80%	采用百格网检查块材底面砂浆的粘结痕迹面积
	垂直	≥80%	

3)填充墙留置的拉结钢筋或网片的位置应与块体皮数相符合。拉结钢筋或网片应置于灰缝中,埋置长度应符合设计要求,竖向位置偏差不应超过一皮高度。

抽检数量:每检验批抽查不应少于 5 处。

检验方法:观察和用尺量检查。

4)砌筑填充墙时应错缝搭砌,蒸压加气混凝土砌块搭砌长度不应小于砌块长度的 1/3;轻集料混凝土小型空心砌块搭砌长度不应小于 90 mm;竖向通缝不应大于 2 皮。

抽检数量:每检验批抽检不应少于 5 处。

检查方法:观察和用尺检查。

5)填充墙的水平灰缝厚度和竖向灰缝宽度应正确。烧结空心砖、轻集料混凝土小型空心砌块砌体的灰缝应为 8~12 mm。蒸压加气混凝土砌块砌体当采用水泥砂浆、水泥混合砂浆或蒸压加气混凝土砌块砌筑砂浆时,水平灰缝厚度及竖向灰缝宽度不应超过 15 mm;当蒸压加气混凝土砌块砌体采用蒸压加气混凝土砌块粘结砂浆时,水平灰缝厚度和竖向灰缝宽度宜为 3~4 mm。

抽检数量:每检验批抽查不应少于 5 处。

检查方法:水平灰缝厚度用尺量 5 皮小砌块的高度折算;竖向灰缝宽度用尺量 2 m 砌体长度折算。

4.5.2 轻集料混凝土小型空心砌块砌筑

1. 小型空心砌块进场检验

轻集料混凝土就是用轻粗集料、轻砂(或普通砂)、水泥和水等原材料配制而成的干表观密度不大于 1 950 kg/m³ 的混凝土。轻集料混凝土小型空心砌块就是用轻集料混凝土制成的小型空心砌块。应符合《轻集料混凝土小型空心砌块》(GB/T 15229—2011)的规定。

(1)小型空心砌块规格尺寸。

1)小型空心砌块分为单排孔、双排孔、三排孔、四排孔等。主规格尺寸为 390 mm×190 mm×190 mm。其他规格尺寸可由供需双方商定。

2)尺寸允许偏差和外观质量应符合表 4-27 的要求。

表 4-27 尺寸允许偏差和外观质量

项 目		指 标
尺寸偏差/mm	长度	±3
	宽度	±3
	高度	±3

项　目			指　标
最小外壁厚度/mm	用于承重墙体	≥	30
	用于非承重墙体	≥	20
肋厚/mm	用于承重墙体	≥	25
	用于非承重墙体	≥	20
缺棱掉角	个数/块	≤	2
	三个方向投影的最大值/mm	≤	20
裂缝延伸的累计尺寸/mm		≤	30

（2）小型空心砌块密度等级。轻集料混凝土小型空心砌块密度等级应符合表 4-28 的要求。

表 4-28　密度等级　　　　　　　　　　　　　　　　　　　kg/m³

密度等级	干表观密度范围
700	≥610，≤700
800	≥710，≤800
900	≥810，≤900
1 000	≥910，≤1 000
1 100	≥1 010，≤1 100
1 200	≥1 110，≤1 200
1 300	≥1 210，≤1 300
1 400	≥1 310，≤1 400

（3）小型空心砌块强度等级。轻集料混凝土小型空心砌块强度等级应符合表 4-29 的规定；同一强度等级砌块的抗压强度和密度等级范围同时满足表 4-29 的要求。

表 4-29　强度等级

强度等级	抗压强度/MPa		密度等级范围/(kg·m⁻³)
	平均值	最小值	
MU2.5	≥2.5	≥2.0	≤800
MU3.5	≥3.5	≥2.8	≤1 000
MU5.0	≥5.0	≥4.0	≤1 200
MU7.5	≥7.5	≥6.0	≤1 200[a] ≤1 300[b]
MU10.0	≥10.0	≥8.0	≤1 200[a] ≤1 400[b]

注：当砌块的抗压强度同时满足 2 个强度等级或 2 个以上强度等级要求时，应以满足要求的最高强度等级为准。

a 除自燃煤矸石掺量不小于砌块质量的 35% 以外的其他砌块；
b 自燃煤矸石掺量不小于砌块质量的 35% 的砌块。

(4)小型空心砌块吸水率、干缩率和相对含水率。

1)吸水率应不大于18%。

2)干燥收缩率应不大于0.065%。

3)相对含水率应符合表4-30的要求。

表4-30　相对含水率

干燥收缩率/%	砌块的相对含水率/%		
	潮湿地区	中等潮湿地区	干燥地区
<0.03	≤45	≤40	≤35
≥0.03，≤0.045	≤40	≤35	≤30
≥0.045，≤0.065	≤35	≤30	≤25

注：1. 相对含水率即砌块出厂含水率与吸水率之比。

$$W = w_1/w_2 \times 100$$

式中　W——砌块的相对含水率，用百分数表示(%)；

　　　w_1——砌块出厂时的含水率，用百分数表示(%)；

　　　w_2——砌块的吸水率，用百分数表示(%)。

2. 使用地区的湿度条件：

潮湿地区——年平均相对湿度大于75%的地区；

中等潮湿地区——年平均相对湿度50%～75%的地区；

干燥地区——年平均相对湿度小于50%的地区。

(5)小型空心砌块的现场验收。

1)组批规则。砌块按密度等级和强度等级分批验收。以用同一品种轻集料和水泥按同一生产工艺制成的相同密度等级和相同强度等级的300 m³砌块为一批；不足300 m³者亦按一批计。

2)抽样规则。出厂检验时，每批随机抽取32块做尺寸偏差和外观质量检验；再从尺寸偏差和外观质进检验合格的砌块中，随机抽取如下数量进行以下项目的检验：

①强度：5块。

②密度、吸水率和相对含水率：3块。

2)判定规则。

①尺寸偏差和外观质量检验的32个砌块中不合格品数少于7块，判定该批产品尺寸偏差和外观质量合格。

②轻集料混凝土小型空心砌块应有产品合格证。当所有结果符合各项技术指标要求时，则判定该批产品合格。

2. 小型空心砌块砌筑工艺

(1)施工准备。同前述"蒸压加气混凝土砌块砌筑"相关内容。

(2)小型空心砌块砌筑工艺流程。同前述"蒸压加气混凝土砌块砌筑"施工工艺流程。

(3)小型空心砌块砌筑操作要求。

1)基层清理。同前述"蒸压加气混凝土砌块砌筑"相关内容。

2)墙体放线。同前述"蒸压加气混凝土砌块砌筑"相关内容。

3)立皮数杆、排砖摞底。同前述"蒸压加气混凝土砌块砌筑"相关内容。

4)砌墙。

①砌筑前，墙底部应砌烧结普通砖或多孔砖，或现浇强度等级为 C20 混凝土坎台，其高度不宜小于 150 mm。为使砌体与砂浆之间粘结牢固，砌筑时应提前 2 d 浇水湿润，含水率宜控制在 5%～8%。

②框架柱、剪力墙侧面等结构部位应预埋 φ6 的拉结筋和圈梁的插筋，或者结构施工后植上钢筋。

③轻集料混凝土小型空心砌块宜采用铺浆法砌筑。砌筑时，必须遵循"反砌"原则，每皮砌块底部朝上砌筑，上下皮应对孔错缝搭砌，搭砌长度一般为砌块长度的 1/2，砌块搭砌长度不应小于 90 mm；竖向通缝不应大于 2 皮。竖向灰缝厚度和水平灰缝厚度应为 8～12 mm，垂直灰缝宜采用内外夹板夹紧后灌缝。灰缝应横平竖直，水平灰缝和垂直灰缝砂浆饱满度不小于 80%。

④填充墙与构造柱之间以 φ6 拉结筋连接，拉结筋按墙厚每 120 mm 放置一根，并埋于砌体的水平灰缝中，对抗震设防烈度 6 度、7 度的地区，不应小于 1 000 mm，末端应做 90°弯钩。

⑤加气混凝土砌块不得与其他砖、砌块混砌。但因构造要求在墙底、墙顶及门窗洞口处局部采用烧结普通砖和多孔砖砌筑不视为混砌。

⑥填充墙砌至接近梁底、板底时，应留一定的空隙，待填充墙砌筑完并至少间隔14 d后，再将其补砌挤紧，防止上部砌体因砂浆收缩而开裂。当上部空隙小于等于20 mm时，用 1:2 水泥砂浆嵌填密实；稍大的空隙用细石混凝土镶填密实；大空隙用烧结普通砖或多孔砖宜成 60°角斜砌挤紧，但砌筑砂浆必须密实，不允许出现平砌、生摆等现象。

⑦轻集料混凝土小型空心砌块填充墙砌体与后塞口门窗与砌体间一般通过预埋混凝土块连接，通过射钉、膨胀螺栓等打入混凝土预埋块中即可。混凝土预埋块的尺寸为与墙等厚、与砌块等高、砌入墙中 200～300 mm 的正六面体。

》》 学习单元 4.6　石砌体工程施工

4.6.1　毛石砌体的砌筑

1. 毛石材料要求

石料应选择质地坚硬、无风化剥落和裂纹、无细长扁薄和尖锥、无水锈的石块，其中部厚度不宜小于 200 mm；强度不低于 MU20 标准。其品种、规格、颜色必须符合设计要求和有关施工规范的规定，并应有出厂合格证。

砌筑前应清除石块表面的泥垢、水锈等杂质，必要时用水清洗后方可使用。

石砌体所用砂浆应为水泥砂浆或水泥石灰混合砂浆，其品种与强度等级应符合设计要求。用于石基础砌筑的砂浆强度等级不应低于 M5 标准。砌筑砂浆应用机械搅拌，自投料完算起，不得少于 90 s，砂浆应随拌随用，水泥砂浆和水泥石灰混合砂浆拌成后必须在 3～4 h 内使用完毕。

2. 毛石砌体砌筑工艺

(1)毛石基础砌体施工。毛石基础砌体施工工艺流程，如图 4-46 所示。

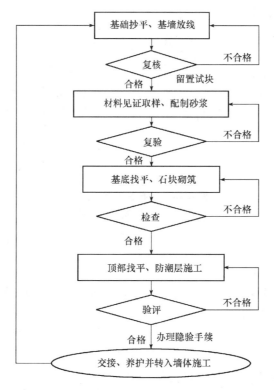

图 4-46　毛石基础砌体施工工艺流程图

1)基础放线。基础砌筑前，应先检查基槽(或基坑)的尺寸和标高，清除杂物。接着进行基础放线，放出基础轴线及边线，立好基础皮数杆，皮数杆上标明退台及分层砌石高度。皮数杆之间要拉上准线。砌阶梯形基础时，还应定出立线和卧线。立线控制基础每阶的宽度，卧线控制每层高度及平整情况，并逐层向上移动，如图 4-47 所示。

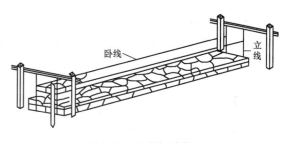

图 4-47　立线与卧线

2)毛石基础砌筑。毛石基础按其截面形式有矩形、阶梯形、梯形等，如图 4-48 所示。阶梯形毛石基础每一台阶至少砌两皮毛石。梯形毛石基础每砌一皮毛石收进一次。

根据设置的龙门板或中心桩放出基础轴线及边线，并抄平，在两端立好皮数杆，画出分层砌石高度，标出台阶收分尺寸。

毛石砌体的灰缝厚度宜为 20~30 mm，砂浆应饱满，石块间较大的空隙应先填塞砂浆后再用碎石块嵌实，不得采用先摆碎石后再塞砂浆或干填碎石块的方法。砌筑毛石基础应双面拉准线。第一皮按所放的基础边线砌筑，以上各皮按准线砌筑。砌第一皮毛石时，应选用有较大平面的石块，先在基坑底铺设砂浆，再将毛石砌上，使毛石的大面向下。并应分皮卧砌，应上下错缝，内外搭砌，不得采用先砌外面石块后中间填心的砌筑方法，石块间较大的空隙应先填塞砂浆后再用碎石嵌实，不得采用先摆碎石后塞砂浆或干填碎石的方法。

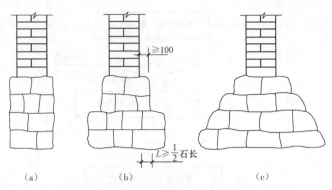

图 4-48　毛石基础截面形式

(a)矩形；(b)阶梯形；(c)梯形

　　毛石基础每 0.7 m² 且每皮毛石内间距不大于 2 m 设置 1 块拉结石，上下 2 皮拉结石的位置应错开，立面砌成梅花形。拉结石宽度：如基础宽度等于或小于 400 mm，拉结石宽度应与基础宽度相等；如基础宽度大于 400 mm，可用 2 块拉结石内外搭接，搭接长度不应小于 150 mm，且其中 1 块长度不应小于基础宽度的 2/3。

　　阶梯形毛石基础，上阶石块应至少压下阶石块的 1/2；相邻阶梯毛石应相互错缝搭接。毛石基础最上一皮宜选用较大的平毛石砌筑。转角处、交接处和洞口处应选用较大的平毛石砌筑。有高低台的毛石基础，应从低处砌起，并由高台向低台搭接，搭接长度不小于基础高度。毛石基础转角处和交接处应同时砌起，如不能同时砌起又必须留槎时，应留成斜槎，斜槎长度应不小于斜槎高度，斜槎面上毛石不应找平，继续砌时应将斜槎面清理干净，浇水湿润。

　　每天砌完应在当天砌的砌体上，铺 1 层灰浆，表面应粗糙。夏季施工时，对刚砌完的砌体，应用草袋覆盖养护 5～7 d，避免风吹、日晒、雨淋。毛石基础全部砌完，要及时在基础两边均匀分层回填土，分层夯实。

　　(2)毛石挡土墙墙身砌筑。毛石挡土墙砌体施工工艺流程，如图 4-49 所示。

　　1)毛石挡土墙墙身砌筑。

　　①毛石的中部厚度不宜小于 200 mm。

　　②每砌 3～4 皮毛石为一个分层高度，每个分层高度应找平一次。

　　③外露面的灰缝厚度不得大于 40 mm，两个分层高度间的错缝不得小于 80 mm，如图 4-50 所示。

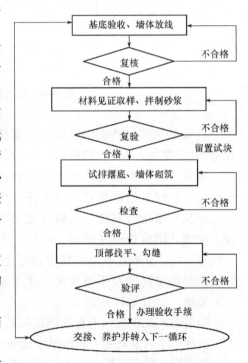

图 4-49　毛石挡土墙砌体施工工艺流程图

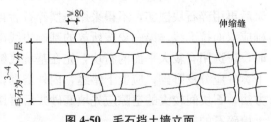

图 4-50　毛石挡土墙立面

2) 毛石挡土墙泄水孔施工。

①砌筑毛石挡土墙应按设计要求收坡或收台，设置伸缩缝和泄水孔。

②泄水孔应均匀设置，在挡土墙每米高度上间隔 2 m 左右设置 1 个泄水孔。泄水孔可采用预埋钢管或硬塑料管方法留置。泄水孔周围的杂物应清理干净，并在泄水孔与土体间铺设长宽各为 300 mm、厚为 200 mm 的卵石或碎石作为疏水层。

③挡土墙内侧回填土必须分层填实，分层填土厚度应为 300 mm，墙顶土面应有适当坡度，使水流向挡土墙外侧面。

3) 毛石挡土墙墙面勾缝。

①墙面勾缝形式。墙面勾缝形式有平缝、凹缝、凸缝。凹缝又分为平凹缝、半圆凹缝，凸缝又分为平凸缝、半圆凸缝、三角凸缝，如图 4-51 所示。一般料石墙面多采用平缝或平凹缝。

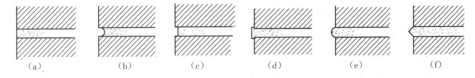

图 4-51　墙面勾缝形式
(a)平缝；(b)半圆凹缝；(c)平凹缝；(d)平凸缝；(e)半圆凸缝；(f)三角凸缝

②墙面勾缝施工。

a. 墙面勾缝程序：拆除墙面或柱面上临时装设的电缆、挂钩等物。清除墙面或柱面上粘结的砂浆、泥浆、杂物和污渍等。剔缝，即将灰缝刮深 20～30 mm，不整齐处加以修整。用水喷洒墙面或柱面使其湿润，随后勾缝。

b. 墙面勾缝应采用加浆勾缝，并宜采用细砂拌制 1∶1.5 水泥砂浆，也可采用水泥石灰砂浆或掺入麻刀(纸筋)的青灰浆。有防渗要求的同样可用防水胶泥材料勾缝。

c. 勾平缝时，用小抿子在托灰板上刮灰，塞进石缝中严密压实，表面压光。勾缝应顺石缝进行，缝与石面齐平，勾完一段后，用小抿子将缝边毛槎修理整齐。

d. 勾平凸缝(半圆凸缝或三角凸缝)时，先用 1∶2 水泥砂浆抹平，待砂浆凝固后再抹一层砂浆，用小抿子压实、压光，稍停等砂浆收水后，用专用工具捋成 10～25 mm 宽窄一致的凸缝。

e. 墙面勾缝应从上向下、从一端向另一端依次进行。

f. 墙面勾缝缝路顺石缝进行且均匀一致，深浅、厚度相同，搭接平整、通顺。阳角勾缝两角方正，阴角勾缝不能上下直通。严禁有丢缝、开裂或粘结不牢等现象。

g. 勾缝完毕，清扫墙面或柱面，表面洒水养护，防止干裂和脱落。

3. 石砌体施工质量验收标准

(1)一般规定。

①石砌体采用的石材应满足砌体强度和耐久性的要求，质地坚实，无风化剥落和裂纹。用于清水墙、柱表面的石材，色泽应均匀，以保证砌体的美观。为了保证石材与砂浆的粘结质量，砌筑前应清除干净石材表面的泥垢、水锈等杂质。

②砂浆初凝后，如移动已砌筑的石块，将破坏砂浆的内部及砂浆与石块的粘结面的粘结力，降低砌体强度及整体性，应将移动石块的原砂浆清理干净，重新铺浆砌筑。石

砌体的灰缝厚度:毛料石砌体和粗料石砌体不宜大于 20 mm;细料石砌体不宜大于 5 mm。为使毛石基础和料石基础与地基或基础垫层粘结紧密,保证传力均匀和石块平稳,砌筑毛石基础的第一皮石块应坐浆,并将大面向下;砌筑料石基础的第一皮石块应用丁砌层坐浆砌筑。毛石砌体的第一皮及转角处、交接处和洞口处,应用较大的平毛石砌筑。每个楼层(包括基础)砌体的最上一皮,宜选用较大的毛石砌筑。

③砌筑毛石挡土墙时,为了能及时发现并纠正砌筑中的偏差,以保证工程质量,每砌 3~4 皮为一个分层高度,每个分层高度应找平一次;外露面的灰缝厚度不得大于 40 mm,两个分层高度间分层处的错缝不得小于 80 mm。料石挡土墙,当中间部分用毛石砌时,丁砌料石伸入毛石部分的长度不应小于 200 mm。挡土墙的泄水孔当设计无规定时,在每米高度上间隔 2 m 设置一个泄水孔,泄水孔应均匀设置;泄水孔与土体间铺设长宽各为 300 mm 厚 200 mm 的卵石或碎石作为疏水层。挡土墙内侧回填土必须分层夯填,分层松土厚度应为 300 mm。墙顶土面应有适当坡度,使水流向挡土墙外侧面。

(2)主控项目。

①石材及砂浆强度等级必须符合设计要求。

抽检数量:同一产地的石材至少应抽检一组。砂浆试块的抽检数量为:每一检验批且不超过 250 m³ 砌体的各种类型及强度等级的砌筑砂浆,每台搅拌机应至少抽检一次。

检验方法:料石检查产品质量证明书,石材、砂浆检查试块试验报告。

②砌体灰缝的砂浆饱满度不应小于 80%。

抽检数量:每检验批抽查不应少于 5 处。

检验方法:观察检查。

(3)一般项目。

①石砌体的一般尺寸允许偏差应符合规定。

抽检数量:每检验批抽查不应少于 5 处。

②石砌体的组砌形式应符合下列规定:

a. 内外搭砌,上下错缝,拉结石、丁砌石交错设置。

b. 毛石墙拉结石每 0.7 m² 墙面不应少于 1 块。

抽检数量:每检验批抽查不应少于 5 处。

检验方法:观察检查。

4.6.2　料石砌体的砌筑

1. 料石材料要求

(1)料石基础主要采用毛料或粗料石,料石墙体可以采用毛料石、粗料石、细料石,要求其材质必须质地坚实,无风化剥落和裂纹。用于清水墙、柱表面的石材,色泽应均匀。

(2)料石应六面方整,四角齐全,边棱整齐。料石的宽度、厚度均不宜小于 200 mm,料石柱、标志性建筑及构筑物可采用细料石。选用的石材的品种、规格、颜色必须符合设计要求,长度不宜大于厚度的 4 倍。料石加工的要求和允许偏差应符合表 4-31 和表 4-32 的要求。

表 4-31　料石各面的加工要求

项次	料石种类	外露面及相接周边的表面凹入深度/mm	叠砌面和接砌面的表面凹入深度/mm
1	粗料石	不大于 20	不大于 20
2	毛料石	稍加修整	不大于 25
注：相接周边的表面是指叠砌面、接砌面与外露面相接处 20～30 mm 范围内的部分。			

表 4-32　料石加工的允许偏差

项次	料石种类	允许偏差/mm	
		宽度、厚度	长度
1	细料石	±3	±5
2	毛料石	±10	±15
注：如设计有特殊要求，应按设计要求加工。			

（3）料石表面的泥垢、水锈等杂质，砌筑前应清除干净。

（4）石材的强度等级不应低于 MU20。

（5）料石砌体所用砂浆应为水泥砂浆或水泥石灰混合砂浆，其品种与强度等级应符合设计要求。用于料石基础砌筑的砂浆强度等级不应低于 M5。用于料石墙体砌筑的砂浆强度等级不应低于 M2.5。砂浆应用机械搅拌，应随拌随用，水泥砂浆和水泥石灰混合砂浆拌成后必须在 3～4 h 内使用完毕。最高温度超过 300 ℃时必须在拌和后 2～3 h 内使用完毕。严禁使用过夜砂浆。

（6）砂浆在运输过程中可能会产生离析、泌水现象，在使用前应人工二次搅拌。

（7）混合砂浆中，不得含有块状石灰膏和未熟化的石灰颗粒。

2. 料石砌体砌筑工艺

（1）料石墙施工。料石墙体砌体施工工艺流程，如图 4-52 所示。

料石墙体砌筑形式如图 4-53 所示。

1）料石砌筑前，应在基础顶面上放出墙身中线和边线及门窗洞口位置线，并抄平，立皮数杆，拉准线。

2）料石砌筑前，必须按照组砌图将料石试排妥当后才能开始砌筑。

3）料石墙应双面拉线砌筑，全顺叠

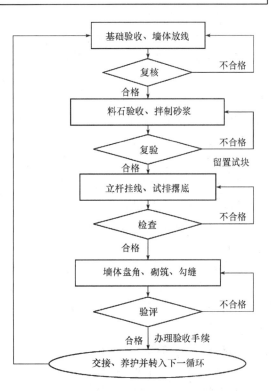

图 4-52　料石墙体砌体施工工艺流程

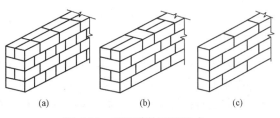

图 4-53　料石墙体砌筑形式

（a）丁顺叠砌；（b）丁顺组砌；（c）全顺叠砌

砌单面挂线砌筑。先砌转角处和交接处，后砌中间部分。

4）料石墙的第一皮及每个楼层的最上一皮应丁砌。

5）料石墙采用铺浆法砌筑，料石灰缝厚度：毛料石墙砌体和粗料石墙砌体不宜大于20 mm，细料石墙砌体不宜大于 5 mm。砂浆铺设厚度略高于规定灰缝厚度，其高出厚度：细料石为 3～5 mm，毛料石、粗料石宜为 5～8 mm。

6）砌筑时，应先将料石里口落下，再慢慢移动就位，校正垂直与水平。在料石砌块校正到正确位置后，顺石面将挤出的砂浆清除，然后向竖缝中灌浆。

7）用整块料石作窗台板，其两端至少应伸入墙身 100 mm。在窗台板与其下部墙体之间（支座部分除外）应留空隙，并用沥青麻刀等材料嵌塞，以免两端下沉而折断石块。

8）料石的转角处和交接处应同时砌筑，如不能同时砌筑则应留置斜槎。

9）料石墙每天砌筑高度不应超过 1.2 m，料石墙中不得留设脚手眼。

10）同一砌体面或同一砌体，应用色泽一致、加工粗细相同的料石砌筑。在料石砌筑中，必须保持砌体表面的清洁。

11）当设计允许采用垫片砌筑料石墙时，应按以下步骤进行：

①先将料石放在砌筑位置上，根据料石的平整情况和灰缝厚度的要求，在四角先用 4 块垫片（主垫）将料石垫平。

②移去垫平的料石，铺上砂浆，砂浆厚度应比垫片高出 3～5 mm。

③重新将移去的料石砌上，用锤轻轻敲击料石，使其平稳、牢固，随后将灰缝里挤出的灰浆清理干净。

④沿料石的长度和宽度，每隔 150 mm 左右补加 1 块垫片（副垫）。垫片应伸进料石边 10～15 mm，避免因露垫片而影响最后的墙面勾缝。

（2）料石柱施工。料石柱有整石柱和组砌柱两种，如图 4-54 所示。整石柱每一皮料石为整块，即叠砌面与柱截面相同，只有水平灰缝无竖向灰缝；组砌柱每皮由几块料石组砌，上下皮竖缝相互错开。

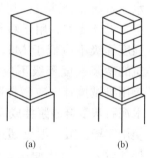

图 4-54　料石柱
(a)整石柱；(b)组砌柱

1）料石柱砌筑前，应在柱座面上弹出柱身边线，在柱座侧面弹出柱身中心线。

2）整石柱所用石块四侧应弹出石块中心线。

3）砌整石柱时，应将石块的叠砌面清理干净。先在柱座面上铺一层水泥砂浆，厚约 10 mm，再将石块对准中心线砌上，以后各皮石块砌筑应先铺好砂浆，对准中心线将石块砌上。石块如有竖向偏斜，可用铜片或铝片在灰缝边缘内垫平。

4）砌组砌柱时，应按规定的组砌形式逐皮砌筑，上下皮竖缝相互错开，无通天缝，不得使用垫片。

5）灰缝要横平竖直。半细料石不宜大于 10 mm，细料石不宜大于 5 mm。砂浆铺设厚度略高于规定灰缝厚度，其高出厚度：细料石、半细料石为 3～5 mm。

6）砌筑料石柱应随时用线坠检查整个柱身的垂直，如有偏斜应拆除重砌，不得用敲击方法纠正。

7）料石柱每天砌筑高度不宜超过 1.2 m。砌筑完后应立即加以维护，严禁碰撞。

(3)料石基础施工。

1)基础放线。基础砌筑前，应先检查基槽(或基坑)的尺寸和标高，清除杂物。接着进行基础放线，放出基础轴线及边线，立好基础皮数杆，皮数杆上标明退台及分层砌石高度。皮数杆之间要拉上准线。砌阶梯形基础，还应定出立线和卧线。立线控制基础每阶的宽度，卧线控制每层高度及平整情况，并逐层向上移动。

2)料石基础砌筑。

①料石基础有以下三种砌法。

a. 丁顺叠砌：丁顺叠砌又称架井式叠砌，即每上下两皮料石，以1皮丁砌1皮顺砌，先丁后顺，两皮互成90°叠砌，上下皮竖缝错开1/4石长。

b. 丁顺组砌：丁顺组砌又称双轨组砌，即每1皮都以丁砌石和顺砌石连续组砌。丁砌石长度即为基础厚度，顺砌石的厚度一般为基础厚度的1/3左右。上皮丁砌石应砌在下皮顺砌石的中部，上下皮竖缝至少错开1/4石长。

c. 斜叠砌：每上下两皮料石，以相反的方向同轴线成45°，即第1皮向一个方向斜砌45°，第2皮向另一个(相反)方向斜砌45°，上下两皮互成90°叠砌。

②料石基础第1皮应用丁砌层坐浆砌筑。阶梯形料石基础，上级阶梯的料石应至少压砌下级阶梯的1/3。

③砌筑时，料石要放置平稳，砂浆铺设厚度应略高于规定灰缝厚度。其高出厚度：细料石、半细料石宜为3~5 mm；粗料石、毛料石宜为6~8 mm。

④细料石灰缝厚度不大于5 mm，半细料石灰缝不大于10 mm，粗料石和毛料石灰缝不大于20 mm。

⑤料石基础的转角处及交接处应同时砌起，如不能同时砌起又必须留槎时，应留成斜槎。

⑥料石基础每天砌筑高度不应超过1.8 m。

学习单元4.7　砌体结构冬雨期施工

4.7.1　砌体结构冬期施工

1. 砌体结构冬期施工简介

当室外日平均气温连续5 d稳定低于5 ℃时，砌体工程应采取冬期施工措施。气温根据当地气象资料统计确定。冬期施工期限以外，当日最低气温低于0 ℃时，也应按冬期施工的有关规定进行。

(1)冬期施工的特点。冬期施工有以下特点：

1)冬期施工期是质量事故多发期。在冬期施工中，长时间的持续低负温、大的温差、强风、降雪和反复的冰冻，经常造成建筑施工的质量事故。据资料分析，有2/3的工程质量事故发生在冬期。

2)冬期施工质量事故发现时间滞后性。冬期发生质量事故往往不易觉察，到春天解冻时，一系列质量事故才暴露出来。这种事故的滞后性给处理质量事故带来很大的困难。

3)冬期施工的计划性和准备工作时间性很强。冬期施工时，常由于时间紧，仓促施工，而发生质量事故。

（2）冬期施工的原则。为了保证冬期施工的质量，在选择分项工程具体的施工方法和拟定施工措施时，必须遵循下列原则：确保工程质量；经济合理，使增加的措施费用最少；所需的热源及技术措施材料有可靠的来源，并使消耗的能源最少；工期能满足规定要求。

砌筑工程的冬期施工最突出的一个问题就是砂浆遭受冻结，砂浆遭受冻结后会产生如下现象：

1)砂浆的硬化暂时停止，并且不产生强度，失去了粘结作用。

2)砂浆塑性降低，水平灰缝和垂直灰缝的紧密度减弱。

3)解冻的砂浆，在上层砌体的重压下，可能出现不均匀沉降。

冬期砌筑时主要就是解决砂浆遭受冻结或者是使砂浆在负温下也能增长强度问题，满足冬期砌筑施工要求。因此，在冬期砌筑时，为了保证墙体的质量，必须采取有效措施，控制雨、雪、霜对墙体材料(砖、砂、石灰等)的侵袭，对各种材料集中堆放，并采取保温措施。

（3）冬期施工的准备工作。为了保证冬期施工的质量，砌筑工程在冬期施工前应做好以下准备工作：收集有关气象资料作为选择冬期施工技术措施的依据；进入冬期施工前一定要编制好冬期施工技术文件，其包括以下内容：

1)冬期施工方案。

①冬期施工生产任务安排及部署。根据冬期施工项目、部位，明确冬期施工中前期、中期、后期的重点及进度计划安排。

②根据冬期施工项目、部位列出可考虑的冬期施工方法及执行的国家有关技术标准文件。

③热源、设备计划及供应部署。

④施工材料(保温材料、外加剂等)计划进场数量及供应部署。

⑤劳动力计划。

⑥冬期施工人员的技术培训计划。

⑦工程质量控制要点。

⑧冬期施工安全生产及消防要点。

2)施工技术措施。

①工程任务概况及预期达到的生产指标。

②工程项目的实物量和工作量、施工程序、进度安排。

③分项工程在各冬期施工阶段的施工方法及施工技术措施。

④施工现场准备方案及施工进度计划。

⑤主要材料、设备、机具和仪表等需用量计划。

⑥工程质量控制要点及检查项目、方法。

⑦冬期安全生产和防火措施。

⑧各项经济技术控制指标及节能、环保等措施。

⑨凡进行冬期施工的工程项目，必须会同设计单位复核施工图纸，核对其是否能适应冬期施工要求，如有问题应及时提出并修改设计。

⑩根据冬期施工工程量，提前准备好施工的设备、机具、材料及劳动防护用品。

⑪冬期施工前对配制外掺剂的人员、测温保温人员、锅炉工等，应专门组织技术培训。经考试合格后方准上岗。

2. 砌筑工程冬期施工方法

砌筑工程的冬期施工应以外加剂法为主。对保温、绝缘、装饰等方面有特殊要求的工程，可采用冻结法或其他施工方法。

（1）外加剂法。冬期砌筑采用外加剂法时，可使用氯盐或亚硝酸钠等盐类外加剂拌制砂浆。掺入盐类外加剂拌制的水泥砂浆、水泥混合砂浆等称为掺盐砂浆。采用这种砂浆砌筑的方法称为掺外加剂法。氯盐应以氯化钠为主。当气温低于−15 ℃时，也可与氯化钙复合使用。

1）外加剂法的原理。外加剂法是在砌筑砂浆内掺入一定数量的抗冻剂，来降低水的冰点，以保证砂浆中有液态水存在，使水泥水化反应能在一定负温下进行，砂浆强度在负温下能够继续缓慢增长；同时，由于降低了砂浆中水的冰点，砌体的表面不会立即结冰而形成冰膜，故砂浆和砌体能较好粘结。

2）外加剂法的适用范围。外加剂法具有施工方便、费用低等优点，因此，在砌筑工程冬期施工中被普遍使用。外加剂法又以掺盐砂浆法为主。但是，由于氯盐砂浆吸湿性大，使结构保温性能和绝缘性能下降，并有析盐现象产生等。对下列有特殊要求的工程不允许采用掺盐砂浆法施工：

①对装饰工程有特殊要求的建筑物。

②使用湿度大80％的建筑物。

③热工要求高的工程。

④配筋、铁埋件无可靠的防腐处理措施的砌体。

⑤接近高压电线的建筑物（如变电所、发电站等）。

⑥经常处于地下水位变化范围内，而又无防水措施的砌体。

⑦经常受 40 ℃以上高温影响的建筑物。

对于不能使用掺有氯盐砂浆的砌体，可选择亚硝酸钠、碳酸钾等盐类作为砌筑工程冬期施工的抗冻剂。

3）外加剂法对砌筑材料的要求。砌筑工程冬期施工所用材料应符合下列规定：

①石灰膏、电石膏等应防止受冻，如遭冻结，应经融化后使用。

②拌制砂浆用砂，不得含有冰块和大于 10 mm 的冻结块。

③砌体用砖或其他块材不得遭水浸冻。

④砌筑用砖、砌块和石材在砌筑前，应清除表面冰雪、冻霜等。

⑤拌制砂浆宜采用两步投料法。水的温度不得超过 80 ℃，砂的温度不得超过 40 ℃。

⑥砂浆宜优先采用普通硅酸盐水泥拌制。冬期砌筑不得使用无水泥拌制的砂浆。

4）砂浆配制及砌筑施工工艺。

①砂浆配制。掺盐砂浆配制时，应按不同负温界限控制掺盐量。当砂浆中氯盐掺量过少，砂浆内会出现大量冻结晶体，水化反应极其缓慢，会降低早期强度。如果氯盐掺量大于 10％，砂浆的后期强度会显著降低，同时导致砌体析盐量过大，增大吸湿性，降低保温性能。当气温过低时，可掺用双盐（氯化钠和氯化钙同时掺入）来提高砂浆的抗冻

性。不同气温时掺盐砂浆规定的掺盐量见表 4-33。

表 4-33　氯盐外加剂掺量[占用水质量(%)]

氯盐及砌体材料种类			日最低气温/℃			
			≥-10	-11~-15	-16~-20	-21~-25
单盐	氯化钠	砖、砌块	3	5	7	—
		石	4	7	10	—
双盐	氯化钠	砖、砌块	—	—	5	7
	氯化钙		—	—	2	3

　　冬期施工砂浆试块的留置，除应按常温规定要求外，还应增留不少于一组与砌体同条件养护的试块，测试检验 28 d 强度。

　　砌筑时掺盐砂浆温度使用不应低于 5 ℃。当设计无要求，且最低气温等于或低于 -15 ℃时，砌筑承重砌体砂浆强度等级应按常温施工提高一级；同时，应以热水搅拌砂浆；当水温超过 60 ℃时，应先将水和砂拌和，然后再投放水泥。

　　在氯盐砂浆中掺加微沫剂时，应先加氯盐溶液后加微沫剂溶液。搅拌的时间应比常温季节增加一倍。拌和后砂浆应注意保温。

　　外加剂溶液应设专人配制，并应先配制成规定浓度溶液置于专用容器中，然后再按规定加入搅拌机中拌制成所需砂浆。

　　②砌筑施工工艺。掺盐砂浆法砌筑砖砌体，应采用"三一"砌砖法进行砌筑，要求砌体灰浆饱满，灰缝厚度均匀，水平缝和垂直缝的厚度和宽度应控制在 8~10 mm。

　　冬期砌筑的砌体，由于砂浆强度增长缓慢，因而砌体强度较低。如果一个班次砌体砌筑高度较高，砂浆尚无强度，风荷载稍大时，作用在新砌筑的墙体上易使所砌筑的墙体倾斜失稳或倒塌。冬期墙体采用氯盐砂浆施工时，每日砌筑高度不宜超过 1.2 m，墙体留置的洞口，距交接墙处不应小于 500 mm。

　　普通砖、多孔砖、空心砖、混凝土小型空心砌块、加气混凝土砌块和石材在气温高于 0 ℃条件下砌筑时，应浇水湿润。在气温低于 0 ℃条件下，可不浇水，但必须适当增大砂浆的稠度。抗震设计烈度为 9 度的建筑物，普通砖和空心砖无法浇水湿润时，无特殊措施不得砌筑。

　　采用掺盐砂浆法砌筑砌体时，在砌体转角处和内外墙交接处应同时砌筑，对不能同时砌筑而又必须留置的临时间断处，应砌成斜槎，砌体表面不应铺设砂浆层，宜采用保温材料加以覆盖。继续施工前，应先用扫帚扫净砖表面，然后再施工。

　　采用氯盐砂浆时，砌体中配置的钢筋及钢预埋件，应预先做好防腐处理。目前较简单的处理方法有：涂刷樟丹 2 或 3 遍；浸涂热沥青；涂刷水泥浆；涂刷各种专用的防腐涂料。处理后的钢筋及预埋件应成批堆放。搬运堆放时轻拿轻放，不得任意摔、扔，防止防腐涂料损伤掉皮。

　　(2)冻结法。冻结法是采用不掺任何防冻剂的普通砂浆进行砌筑的一种施工方法。冻结法施工的砌体允许砂浆遭受冻结，用冻结后产生的冻结强度来保证砌体稳定，融化时砂浆强度为零或接近于零，转入常温后砂浆解冻使水泥继续水化，砂浆强度再逐渐增长。

1)冻结法的适用范围。冻结法施工的砂浆，经冻结、融化和硬化三个阶段后，砂浆强度、砂浆与砖石砌体间的粘结力都有不同程度的降低。砌体在融化阶段，由于砂浆强度接近于零，将增加砌体的变形和沉降，严重影响砌体的稳定性。所以对下列结构不宜选用冻结法施工：空斗墙、毛石墙、承受侧压力的砌体、在解冻期间可能受到振动或动力荷载的砌体、在解冻期间不允许发生沉降的砌体(如筒拱支座)。

2)冻结法对砂浆的要求。冻结法施工，砂浆的使用温度不应低于 10 ℃。当设计无要求时：日最低气温高于−25 ℃时，对砌筑承重砌体的砂浆强度等级应按常温施工时提高一级；日最低气温等于或低于−25 ℃时，则应提高二级。砂浆强度等级不得小于M2.5，重要结构其等级不得小于 M5。采用冻结法砌筑时，砂浆使用最低温度应符合表4-34 的规定。

表 4-34　冻结法砌筑时砂浆最低温度　　　　　　　　　　　　　　℃

室外空气温度	砂浆最低温度	室外空气温度	砂浆最低温度
0～−10	10	低于−25	20
−11～−25	15		

3)砌筑施工工艺。采用冻结法施工时，应按照"三一"砌筑方法砌筑，对于房屋转角处和内外墙交接处的灰缝应特别仔细砌合。砌筑时一般应采用"一顺一丁"的方法组砌。采用冻结法施工的砌体，在解冻期内应制定观测加固措施，并应保证对强度、稳定性和均匀沉降要求。在验算解冻期的砌体强度和稳定性时，可按砂浆强度为零进行计算。

采用冻结法施工，当设计无规定时，宜采取下列构造措施。

在楼板水平面位置墙的拐角、交接和交叉处应配置拉结筋，并按墙厚计算，每120 mm 配 1φ6。其伸入相邻墙内的长度不得小于 1 m。在拉结筋末端应设置弯钩。每一层楼的砌体砌筑完毕后，应及时吊装(或捣制)梁、板，并应采取适当的锚固措施。采用冻结法砌筑的墙与已经沉降的墙体交接处，应留沉降缝。

为保证砌体在解冻期间的稳定性和均匀沉降，施工操作时应遵守的规定：施工应按水平分段进行，工作段宜划在变形缝处。每日的砌筑高度及临时间断处的高度差，均不得大于 1.2 m。对未安装楼板或屋面板的墙体，特别是山墙，应及时采取加固措施，以保证墙体稳定。跨度大于 0.7 m 的过梁，应采用预制构件。跨度较大的梁、悬挑结构，在砌体解冻前应在下面设临时支撑，当砌体强度达到设计值的 80% 时，方可拆除临时支撑。在门窗框上部应留出缝隙，其宽度在砖砌体中不应小于 5 mm，在料石砌体中不应小于 3 mm。留置在砌体中的洞口和沟槽等，宜在解冻前填砌完毕。砌筑完的砌体在解冻前，应清除房屋中剩余的建筑材料等临时荷载。

4)砌体的解冻。采用冻结法施工时，砌体在解冻期应采取下列安全稳定的措施。

①应将楼板平台上设计和施工规定以外的荷载全部清除。

②在解冻期内暂停房屋内部施工作业，砌体上不得有人员任意走动，附近不得有振动的施工作业。

③在解冻前应在未安装楼板或屋面板的墙体处、较高大的山墙处、跨度较大的梁及悬挑结构部位及独立的柱安设临时支撑。

④在解冻期经常注意检查和观测工作。在开冻前需进行检查，开冻过程中应组织观测。如发现裂缝、不均匀下沉等情况，应分析原因并立即采取加固措施。在解冻期进行观测时，应特别注意多层房屋的柱和窗间墙、梁端支承处、墙交接处和过梁模板支承处。另外，还必须观测砌体沉降的大小、方向和均匀性及砌体灰缝内砂浆的硬化情况。观测一般需要 15 d 左右。

(3)暖棚法。暖棚法是利用简易结构和廉价的保温材料，将需要砌筑的工作面临时封闭起来，使砌体在正温条件下砌筑和养护。采用暖棚法施工，块材在砌筑时的温度不应低于 5 ℃，距离所砌的结构底面 0.5 m 处的棚内温度也不应低于 5 ℃。

在暖棚内的砌体养护时间，应根据暖棚的温度按表 4-35 确定。

表 4-35　暖棚法砌体的养护时间

暖棚的温度/℃	5	10	15	20
养护时间/d	≥6	≥5	≥4	≥3

由于搭暖棚需要大量的材料、人工，加温时要消耗能源，所以暖棚法成本高、效率低，一般不宜多用。其主要适用于地下室墙、挡土墙、局部性事故修复工程的砌筑工程。

(4)快硬砂浆法。快硬砂浆法是用快硬硅酸盐水泥、加热的水和砂拌和制成的快硬砂浆，在受冻前能比普通砂浆获得较高的强度。快硬砂浆法适用于热工要求高、湿度大于 60% 及接触高压输电线路和配筋的砌体。

4.7.2　砌体结构雨期施工

雨量大小用积水高度来计算，气象部门设有专门测量工具，以一天的降雨量来计算，降雨量单位为 mm。当一天的降雨量为 10 mm 为小雨，达 10～25 mm 时为中雨，雨量达到 25～50 mm 为大雨，雨量大于 50 mm 时为暴雨。每小时平均降雨量在 100 mm 以上属于雨期施工。

1. 雨期施工的特点

砌体工程雨期施工主要解决防雨淋、防台风等方面的问题，因此，施工现场必须做好临时排水系统规划，有效组织场外水流入施工现场和将场内水及时排出，达到保护砖墙砌体工程的目的。

(1)雨期施工的开始具有突然性。由于暴雨、台风、海啸、山洪等恶劣气候往往不期而至，这就需要及早进行雨期施工的准备和采取防范措施。

(2)雨期施工带有突击性。由于雨水对建筑结构和地基基础的冲刷或浸泡有严重的破坏性，必须迅速、及时地防护，避免造成建设工程的损失。

(3)雨期往往持续时间长，阻碍了工程(特别是土方工程、基础工程、屋面防水工程)的顺利进行，拖延了工期。对这一点应事先有充分的估计并做好合理的安排。

2. 雨期施工的准备工作

(1)现场排水。施工现场的道路、设施必须做到排水畅通，尽量做到雨停水干。要防止地面水排入地下室、基础、地沟内。要做好边坡的处理,防止滑坡和塌方。

(2)原材料、成品、半成品的防雨。水泥应按"先收先发,后收后发"的原则,避免久存受潮硬化而影响水泥的活性。木制品和易受潮变形的成品、半成品等应在防雨、防潮好的室内堆放。其他材料也应注意防雨及材料四周的防水。

(3)现场房屋、设备应根据施工总体布置,在施工前做好排水防雨措施。

(4)预先备足施工现场排水需用的水泵及有关器材,准备适量的塑料布、油毡等现场必备的防雨材料,以备急用。

3. 雨期施工的施工要求

(1)一般要求。

1)在编制项目建设施工组织设计时,应根据工程项目所在施工地的季节性变化特点,编制好雨期施工要点,将不宜在雨期施工的分项工程提前或拖后施工。对项目工程工期要求紧而必须在雨期施工的工程,应制定具有针对性的、有效的措施,进行突击施工。

2)合理进行施工安排,做到晴天抓紧室外工作,雨天安排室内工作,尽量缩小雨天室外作业时间和减小室外工作面。

3)密切注意当地的气象预报,做好防雨、防台风、防汛等方面的准备工作,并在必要时对在建工程及时采取加固措施。

4)做好施工现场施工机具及建筑材料(如水泥、木材、模板)的防雨、防潮工作。

(2)雨期施工中的注意事项。

1)雨期用砖不要再洒水湿润,砌筑时湿度较大的砌块不可上墙,以免因砖过湿引起砂浆流淌和砖块滑移造成墙体倒塌。每日砌筑高度不超过1 m。

2)砌体施工如遇大雨必须停工,并在砖墙顶面及时铺设一层干砖,以防雨水冲走灰缝中的砂浆。雨后砌筑受雨冲刷的墙体时,应翻砌最上面的两皮砖。

3)稳定性较差的窗间墙、山尖墙、砖柱等部位,当砌筑到一定高度时。应在砌体顶部及时浇筑圈梁或加设临时支撑,以防止风、雨的袭击,增强墙体的整体性、稳定性。

4)砌体施工时,纵横墙最好同时砌筑,雨后要及时检查墙体的质量。

5)雨水浸泡会引起回填土的下沉,进而影响到脚手架底座的倾斜或下陷,停工期间和复工后均应经常检查,发现问题及时处理,采取有效的加固措施,防止事故发生。

(3)雨期施工期间机械防雨和防雷设施。

1)施工现场所使用的机械均应设棚保护,保护棚搭设要牢固,防止倒塌、漏雨。机电设备要有相应的、必要的防雨、防淹措施和接地安全保护装置。机动电闸的漏电保护装置要可靠、实用。

2)雨期为防止雷电袭击造成事故,在施工现场,凡高出建筑物的龙门吊、塔式起重机、人货电梯、钢脚手架等均必须安设防雷装置。

思 考 题

1. 常用的砌筑工具有哪些?

2. 常用砖砌体质量检测工具有哪些? 它们各自检测什么内容?

3. 简述各种铺灰手法。

4. 烧结普通砖砌筑前为什么要浇水? 浇湿到什么程度?

5. 砖墙砌体有哪几种组砌形式?

6. 砌筑前撂底的作用是什么?

7. 简述砖墙砌筑的施工工艺流程。

8. 砖墙留槎有何要求?

9. 皮数杆有何作用? 如何布置?

10. 什么是"三一砌砖"法? 其优点是什么?

11. 砖墙为什么要挂线? 怎样挂线?

12. 简述中小型砌块的施工工艺和质量要求。

13. 圈梁支模一般采用哪两种方法?

14. 什么是蒸压加气混凝土砌块?

15. 画图表示240砖墙交接处的摆砖组砌方式。

16. 简述毛石基础的施工要点。

17. 简述料石墙的施工工艺。

18. 石砌体施工时应注意哪些安全事项?

19. 砖墙的接槎连接有哪些砌法?

20. 构造柱的马牙槎应如何留置?

21. 砌筑工程冬、雨期施工有哪些特点与要求?

22. 砌筑工程冬、雨期施工有哪些原则?

23. 砌筑工程冬、雨期施工有应做好哪些准备工作?

24. 砌筑工程冬、雨期施工有哪些施工方法?

25. 砌筑工程冬期施工中外加剂法的作用原理及适用范围是什么?

26. 配筋砌体工程冬期施工在构造上应采取哪些措施?

27. 雨期施工对砌体质量的影响主要表现在哪些方面? 应采取哪些防范措施?

28. 冻结法施工的工艺如何? 施工要点有哪些?

29. 计算题:采用42.5级普通硅酸盐水泥,含水率为3%的中砂,堆积密度为1 495 kg/m³,掺用石灰膏,稠度为110 mm,施工水平一般,试配置砌筑砖墙,柱采用M10级水泥石灰砂浆,稠度要求70~100 mm。

一、参观实训

1. 参观实训一

题目：掌握实际工作中砌体结构墙、柱的构造

目的：通过本次训练，能掌握砌体结构墙、柱的构造处理。

作业条件：某正在施工的砌体结构主体的施工现场。

操作过程：随主体进度。

标准要求：能熟练地将理论与实际相结合。

注意事项：施工现场的安全。

2. 参观实训二

题目：某建筑工地砌筑砂浆拌制，收集相关资料

目的：通过本次训练，能认知砌筑砂浆拌制全过程。

作业条件：某正在施工的砌体结构主体的施工现场。

操作过程：记下建筑工地砌筑砂浆搅拌机的型号，指标牌上砂浆的强度等级及各材料的用量，所用材料的级别及堆放，完整地记录一次砌筑砂浆搅拌的全过程。验证砌筑砂浆配合比的计算。

标准要求：能熟练地将理论与实际相结合。

注意事项：施工现场的安全。

二、操作实训

1. 操作实训一

题目：人工拌制 M5 砌筑砂浆

目的：通过本次训练，能掌握人工拌制砌筑砂浆全过程。

作业条件：校内实训场地。

操作过程：

(1)全班按 5～6 人分组。准备材料、工具。

(2)根据试验室提供的配合比，制作配合比指标牌悬挂于操作地点。

(3)拌制：将各种原材料过称，精度在规定范围内(注：砂以中砂为宜，用前要过 5 mm 孔的筛，水泥强度等级符合设计要求)；在钢板上先将砂子和水泥干拌均匀；在其中间扒一个"坑"将石灰膏和水倒进坑中；用铁锹将水泥砂子同石灰拌和均匀。

标准要求：能熟练地将理论与实际相结合。

注意事项：文明施工。

2. 操作实训二

题目："三一"砌砖法练习

操作准备：材料和工具准备；现场布置。

操作步骤：铲灰取砖，灰铲铺灰，摆砖揉挤。

砌筑时的动作分解：铲灰、取砖、转身、铺灰、摆砖揉挤、将余灰甩入竖缝六个动作。具体操作时动作要连贯、协调。

3. 操作实训三

题目：在校内实训场地砌筑 490 mm×490 mm 砖柱(15 皮砖高)

目的：通过砌砖练习，掌握 490 mm×490 mm 砖柱的组砌法则与砌筑要求。

4. 操作实训四

题目：砖砌体检测方法练习

目的：练习检测工具在检查砖砌体中的使用方法。

作业条件：校内实训场地，半成品区。

操作项目：

(1)砂浆厚度的检测。

(2)墙面平整度的检测。

(3)墙面垂直度的检测。

(4)砂浆饱满度的检测。

5. 操作实训五

题目：摆砖练习

目的：练习干摆砖为后续综合实训打好基础。

作业条件：校内实训场地，操作区。

操作项目：(具体尺寸见综合实训任务书)

(1)完成一段围墙大放脚砖基础砌筑摆砖。

(2)完成一段 240 mm 厚承重墙体的砌筑摆砖(一字形、十字形、丁字形、转角处)。

6. 操作实训六

题目：毛石墙体砌筑

目的：掌握毛石墙体的施工工艺、质量检查方法。

场景、工具及材料：安排学生在实习场内进行毛石墙的砌筑训练，砌筑一段高度不超过 1.2 m 的毛石墙。准备好砌筑用的所有工具和材料。

操作步骤：

(1)砌筑准备。

(2)试排撂底。

(3)墙体砌筑。

(4)顶部找平、勾缝。

(5)质量检查。

学习情境5
砌筑施工方案的编制

任务目标

1. 通过学习与实训掌握砌筑施工方案的主要内容、作用、编制方法。
2. 通过学习与实训能编制一般工程砌筑施工方案。

知识链接

学习单元5.1 编制施工方案的基本知识

1. 编制施工方案的概念和意义

施工方案的确定是施工组织设计的核心内容。由于建筑产品的多样性、地区性和施工条件的不同，因此，在拟定施工方案时，应根据具体的施工对象，从其结构形式、面积大小等方面着重考虑施工顺序、施工起点及流向、流水施工段的划分、施工方法的选择、机械设备的选用、施工技术组织措施等方面的因素。

施工方案的选择是否合理，直接影响到工程的施工质量、施工速度、工程造价及企业的经济效益，直接关系到单位工程施工的效果。

2. 施工方案编写的依据及对象和内容

(1)施工方案编写的依据。施工方案编写的依据主要是：施工图纸、施工组织设计、施工现场勘查、调查得来的资料和信息、施工验收规范、质量检查验收标准、安全操作规程、施工及其机械性能手册以及新技术、新设备、新工艺的相关知识等。

1)施工现场调查内容。

①自然条件资料。

a. 地形资料。用来选择施工用地，安排工人生活区和施工生产用地、工棚，布置施工总平面图等。

b. 工程地质资料。用来拟定特殊地基处理的施工顺序和技术措施；复核地基基础的设计；选择土方工程的施工报告。

c. 水文地质资料。包括地下水和地面水两部分。地下水资料主要用来选择基础工程的施工方案，确定降低地下水的方法；地面水资料的主要作用是考虑冬、雨期施工的起止日期及冻结深度等。

d. 气象资料。主要包括：气温资料、降雨资料和风力资料。气温资料要有最高和最低温度以及持续天数，以便考虑冬期施工及夏季防暑降温措施；降雨资料要有预计起止时间、年降雨量及月平均降雨量等资料，以便制定雨季施工措施和工地排水措施；风力资料要有风向玫瑰图及大于 8 级风的时间，以便布置临时设施位置和考虑吊装措施。

②技术经济条件资料。

a. 施工现场的"三通一平"情况。

b. 资料组织及预制品加工和供应条件。

c. 劳动力及生活设施条件。

d. 机械供应条件及运输条件。

e. 企业管理情况。

f. 市场竞争情况等。

作为施工方案编制依据所必需的资料和信息可通过以下途径调查：

a. 向设计单位和建设单位调查。

b. 向专业机构（勘察、气象、交通运输、建材供应等单位）调查。

c. 进行现场实地勘察。

d. 进行市场调查和企业内部经营能力调查（经营能力指由企业的人力资源、机械装备、资金供应、技术水平、经营管理水平等综合方面形成的施工能力、发展能力、盈利能力、竞争能力和应变能力等）。

在具体编制施工方案时，对上述内容在编制依据章节中并不一定要一一列举描述，但对主要的编制依据必须详尽描述。

2)施工工序的准备情况。做好施工工序的准备工作是很好地完成一项工序的开始。方案的准备工作不同于施工组织的准备工作，工序的施工准备工作内容较多。同时，方案的制定一般与工序的样板施工同时进行，准备工作大致可分为以下几个方面。

①技术规划准备。包括熟悉、审查图纸，安排调查活动，编制技术措施，组织交底等。

②现场施工准备。包括测量、定位、放线、现场作业条件、临时设施准备、施工机械和物资准备、季节性施工准备等。

③施工人员及有关组织准备。施工方案为现场具体实施提供依据，当我们为方案进行策划时，对自身来说，要集结施工力量，调整、健全和充实施工组织机构，进行特殊工种的培训及工种施工人员的培训教育的准备等工作。

④材料的准备。方案中一般要描述出本工序所要提供的主要材料，同时说明该材料的主要性能。一般施工方案的准备工作较多，但主要集中在现场作业条件上。在编制方案时，均要对上述工序完成的情况以及本工序开始要具备的作业条件等进行详细的描述。

3)施工工艺流程。施工工艺流程体现了施工工序步骤上的规律性，组织施工时符合这个规律，对保证质量、缩短工期、提高经济效益均有很大的意义。施工条件、工程性质、使用要求等均会对施工程序产生影响。一般来说，安排合理的施工程序应考虑以下几点：

①一般组织施工时应对主要的工序之间的流水安排进行分析和策划，但对于单个方案而言，主要是要说明单个工序的工艺流程。

②实际编制中要有合理的施工流向。合理的施工流向，是指建筑物平面和立面上都要考虑施工的质量及安全保证；考虑使用的先后顺序；考虑合理的分区分段及适应主导工程的合理施工顺序。

③要重视施工最后阶段的收尾、调试工作以及使用前的准备，以便顺利交工验收。做到前有准备，后有收尾，保证施工程序安排的周密性。

(2)施工方案编写的对象和内容。施工方案编制的对象是某一工程的分部分项工程，它是指导具体某一个分部分项工程施工的实施过程；施工方案的编制内容通常包括工程概况、施工中的难点及重点分析、施工方法的选用比较、具体的施工方法、质量安全控制以及成品保护等方面的内容。

1)施工方案包括的内容。为了严格施工方案的编制要求，根据《建设工程项目管理规范》(GB/T 50326—2006)的规定，施工方案应包括下列内容。

①施工流向和施工顺序。

②施工阶段划分。

③施工方法和施工机械选择。

④安全施工设计和组织机构。

⑤环境保护内容、方法和组织机构。

2)单一分部分项工程施工方案应包括的内容。通常来讲，对某一分部分项工程单独编制施工方案时应包括以下内容。

①编制依据。

②分部分项工程概况和施工条件，说明分部分项工程的具体情况，选择本方案的原因、优点以及在方案实施前应具备的作业条件。

③施工总体安排，包括施工准备、劳动力计划、材料计划、人员安排、施工时间、现场布置及流水段的划分等。

④施工方法、工艺流程、施工工序、四新项目详细介绍，可以附图、附表直观说明，对某些复杂的工序进行必要的设计计算。

⑤质量标准，阐明主控项目、一般项目和允许偏差项目的具体根据和要求，注明检查工具和检验方法。

⑥质量管理点及控制措施，分析分部分项工程的重点难点，制定对施工有针对性及控制性措施和成品保护措施。

⑦安全、文明、环境保护措施及组织机构。

⑧其他事项。

(3)编制施工方案应考虑的因素。

1)满足用户的使用要求。

2)生产性房屋应首先注意生产工艺流程。

3)单位工程中技术复杂且对工期有影响的关键部位。

4)满足施工技术和施工组织的要求：当基础埋深不一致时，应按先深后浅的顺序施工；当有高低层或高低跨并列时，应先从并列处开始施工；对装配式房屋，结构安装与构件运输不能相互抵触。

(4)施工方案编写的要求。施工方案的编写应遵循《建设工程项目管理规范》(GB/T 50326—2006)的规定及现行国家有关标准的规定。

国家法律：建筑法、招标投标法、合同法、环境保护法、城市规划法、行政诉讼法、城市房地产管理法、水污染防治法、节约能源法、土地管理法、环境噪声污染防治法、产品质量法、担保法、仲裁法、大气污染防治法等。

行政法规：化学危险物品安全管理条例、生产安全事故报告和调查条例、城市拆迁管理条例、中华人民共和国测量标志保护条例、企业职工伤亡事故报告和处理规定、城市房地产开发经营管理条例、建设项目环境管理保护条例、建设工程质量管理条例、建设工程勘察设计管理条例、国务院关于特大安全事故行政追究的规定等。

部门规章：建筑安全生产监督管理条例、建筑工程施工现场管理规定、工程建设国家标准管理办法、房屋建筑工程质量保修办法、实施工程建设强制性标准监督规定、建设领域推广新技术管理规定、建设工程勘察质量管理规定、建筑工程质量检测管理办法等。

参考规范：

(1)《建筑工程施工质量验收统一标准》(GB 50300—2013)。

(2)《质量管理体系 要求》(GB/T 19001—2008)。

(3)《职业健康安全管理体系 要求》(GB/T 28001—2011)。

(4)《环境管理体系 要求及使用指南》(GB/T 24001—2004)。

》》学习单元 5.2 砌体结构施工方案的内容

砌体结构的施工方案主要包括以下内容：确定合理的施工程序；划分施工流水段；确定施工起点流向；确定合理的施工顺序；选择施工方法和施工机械等。

5.2.1 确定合理的施工程序

单位工程的施工程序一般为：接受任务阶段，开工前的准备阶段，全面施工阶段，竣工验收阶段。每一阶段都必须完成规定的工作内容，并为下阶段工作创造条件。

1. 接受任务阶段

接受任务阶段是其他各个阶段的前提条件，施工单位在这个阶段承接施工任务，签订施工合同，明确拟施工的单位工程。

2. 开工前准备阶段

(1)施工执照已办理；(2)施工图纸已经过会审；(3)施工预算已编制；(4)施工组织设计已经过批准并已交底；(5)场地土石方平整、障碍物的清除和场内外交通道路已经基本完成；(6)施工用水、用电、排水均可满足施工需要；(7)永久性或半永久性坐标和水准点已经设置；(8)附属加工企业各种设施的建设基本能满足开工后生产和生活的需要；(9)材料、成品和半成品以及必要的工业设备有适当的储备，并能陆续进入现场，保证连续施工；(10)施工机械设备已进入现场，并能保证正常运转；(11)劳动力计划已落实，随时可以调动进场，并已经过必要的技术安全防火教育。

3. 全面施工阶段

施工方案设计中应主要确定这个阶段的施工程序。施工中通常遵循的原则主要有：

（1）先地下、后地上。施工时，通常应首先完成管道、管线等地下设施、土方工程和基础工程，然后开始地上工程施工。但采用逆作法施工时除外。

（2）先主体、后围护。施工时应先进行框架主体结构施工，然后进行围护结构施工。

（3）先结构、后装饰。施工时先进行主体结构施工，然后进行装饰工程施工。但是，随着新建筑体系的不断涌现和建筑工业化水平的提高，某些装饰与结构构件均在工厂完成。

（4）先土建、后设备。先土建、后设备是指一般的土建与水暖电卫等工程的总体施工程序。

4. 竣工验收阶段

单位工程完工后，施工单位应首先进行内部预验收，然后，经建设单位和质量监督站验收合格，双方才可以办理交工验收手续及有关事宜。

5.2.2　划分施工流水段

1. 流水施工段的概念

流水施工段是组织流水施工时将施工对象在平面上划分为若干个劳动量大致相等的施工区段，每个施工段在某一段时间内只供一个施工过程的工作队使用。

施工段的作用是为了组织流水施工，保证不同的施工班组织在不同的施工段上同时进行施工，并使各个施工班组能按一定的时间间隔转移到另一个施工段进行连续施工，既清除等待、停歇现象，又互不干扰。

2. 划分施工的基本要求及方法

（1）施工段的数目要适宜。施工段数过多势必要减少人数，工作面不能充分利用，拖长施工期；施工段数过少则会引起劳动力、机械和材料供应过分集中，有时还会造成"断流"的现象。

施工段的多少一般没有具体的量的规定，划分一幢房屋施工段时，可按基础、主体、装修等分部工程的不同情况分别划分施工段。基础工程可根据便于挖土与砌筑工程施工的关系或便于施工的需求来划分施工段，可与基础工程的段数划分相同，也可以不同。一般每层划分为2～3段。

（2）施工段的分界线与施工对象的结构界限或幢号相一致，以便保证施工质量。如温度缝、沉降缝、高低层交界线、单元分割线等均可作为施工段的分界线。

（3）各施工段的劳动量尽可能大致相等，以保证各施工班组连续、均衡地施工。

（4）以主导施工过程为依据。划分施工段时，以主导施工过程的需要来划分。主导施工过程是指对总工期起控制作用的施工过程，如多层砖混结构房屋的砌筑工程等。

（5）当组织流水施工对象有层间关系时，应使各队能够连续施工。即各施工过程的工作队做完第一段，能立即转入第二段；做完第一层的最后一段，能立即转入第二层的第一段。因而，每层最少施工段数目应大于或等于施工过程数。

1）当施工段数目等于施工过程数时，工作队连续施工，施工段上始终有施工班施工，工作面能充分利用，无停歇现象，也不会产生工人窝工现象，是一种比较理想的施工段划分。

2）当施工段数大于施工工程数时，施工班组仍是连续施工，但有停歇的工作面，这种停歇的工作面在实际操作中，不一定是不利的，有时还是必要的。如利用停歇的时间做养护、备料、弹线等工作。

3）当施工段数目的小于施工过程数时，施工班组不能连续施工而使施工现场造成窝工现象。因此，对一个建筑物组织流水施工时不适宜的。但是，如果是在建筑群中施工，则可与建筑群中另一些建筑物组织大流水施工，通过整体考虑，弥补其不足。

5.2.3 确定施工起点流向

1. 确定施工起点流向应考虑的因素

确定施工起点流向，就是确定单位工程在平面上或竖向上施工开始的部位和进展的方向。确定单位工程施工起点流向时，应考虑如下因素。

（1）施工方法。

（2）生产工艺或使用要求。

（3）技术复杂、施工进度慢、工期较长的工段或部位应先施工。

（4）当有高低层或高低跨并列时，应从高低层或高低跨并列处开始施工。

（5）工程现场条件和施工机械。

（6）按施工组织的分层分段划分施工层、施工段的部位，如伸缩缝、沉降缝、施工缝等；其中施工方法是确定施工起点和流向的关键因素。

2. 分部工程或施工阶段的特点及其相互关系

例如：多层建筑装饰工程施工起点流向有以下几种方法。

（1）室内装饰工程自上而下的施工起点流向：通常是主体结构工程封顶、做好屋面防水后，从顶层开始，逐层往下进行，如图 5-1 所示。

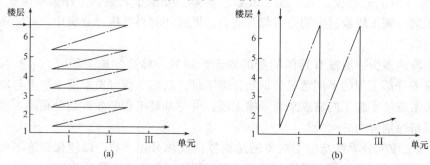

图 5-1 室内装饰工程自上而下的施工起点流向
(a)水平向下；(b)垂直向下

优点：主体结构完成后有一定的沉降时间，且防水层已做好，容易保证装饰工程质量不受沉降和下雨影响，而且自上而下的流水施工，工序之间交叉少，便于施工和成品保护，垃圾清理也方便。

缺点：不能与主体工程搭接施工，工期较长。因此当工期不紧时，应选择此种施工起点流向。

（2）室内装饰工程自下而上的施工起点流向：指当主体结构工程的砖墙砌到2～3层

以上时，装饰工程从一层开始，逐层向上进行，有水平向上和垂直向上两种情况，如图 5-2 所示。

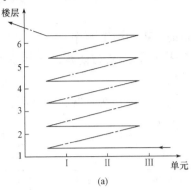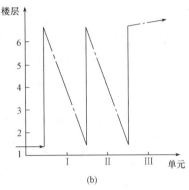

图 5-2　室内装饰工程自下而上的施工起点流向

(a)水平向上；(b)垂直向上

优点：主体与装饰交叉施工，工期短。

缺点：工序交叉多，成品保护难，质量和安全不易保证。

(3)室内装饰工程自中而下再自上而中的施工起点流向，如图 5-3 所示。其综合了上述两种流向的优点，通常适用于中、高层建筑装饰施工。

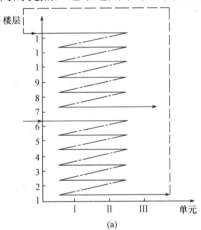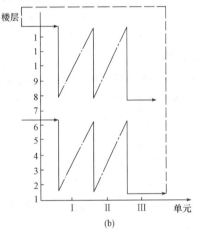

图 5-3　室内装饰工程自中而下再自上而中的施工起点流向

(a)水平向上；(b)垂直向上

(4)室外装饰工程通常均为自上而下的施工起点流向，以便保证质量。

5.2.4　确定施工顺序

施工顺序是指分部分项工程施工的先后次序。

1. 确定施工顺序时应考虑的因素

(1)遵循施工程序。施工顺序应在不违背施工程序的前提下确定。

(2)符合施工工艺。施工顺序应与施工工艺顺序相一致。如现浇构造柱的施工顺序为：绑钢筋→支模板→浇筑混凝土→养护→拆模。

（3）与施工方法一致。如预制板的施工顺序为：支模板→绑钢筋→浇筑混凝土→养护→拆模。

（4）考虑工期和施工组织的要求。如室内外装饰工程的施工顺序。

（5）考虑施工质量和安全要求。如外墙装饰安排在屋面卷材防水施工后进行，以保证安全；楼梯抹面最好自上而下进行，以保证质量。

（6）考虑当地气候影响。如冬季室内装饰工程施工，应先安门窗后做其他装饰。

多层砌体结构居住房屋的施工顺序，如图 5-4 所示。

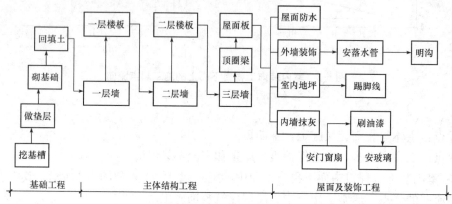

图 5-4　多层砌体结构居住房屋的施工顺序

2. 施工顺序

多层砌体结构居住房屋的施工，通常可划分为基础工程、主体结构工程、屋面及装饰工程三个阶段（水、电、暖、卫及其他工作）。

（1）基础工程（正负零或防潮层以下）。施工工艺流程：放线→挖土→打钎验槽→做垫层→砌基础（含基础圈梁）→回填土，地下管道铺设。

（2）主体结构。施工工艺流程：绑扎构造柱钢筋→砌墙（搭脚手架、安过梁、安门窗框）→支构造柱模板→浇构造柱混凝土→绑扎圈梁钢筋→支圈梁模板→浇圈梁混凝土→安装楼板、楼梯、阳台板→浇预制板缝混凝土→现浇板支模板→绑扎板钢筋→浇板混凝土→上一层。

其主要施工过程为砌墙与安装预制板，其他工程要密切配合。

（3）屋面与装饰工程。

1）屋面工程。

①屋顶天沟、雨篷混凝土。

②女儿墙工程。

③屋面防水工程，其顺序一般为：找平层→隔气层→保温层→找平层→防水层。

2）装饰工程的施工顺序。装饰工程可分为室外装饰（外墙抹灰，勒脚，散水，台阶，明沟，水落管等）和室内装修（顶棚、墙面、地面、楼梯、抹灰、门窗扇安装、油漆，门窗安玻璃，做墙裙，做踢脚线等）。

①内外墙可以先外墙后内墙，也可先内墙后外墙，其顺序视工期、气候情况而定。

②外墙一般自上而下，外墙抹灰、饰面，落水管到明沟、散水。

③内墙可自上而下或自下而上或自中而下、自上而中的顺序。

④天棚、墙面、地面的施工流程：天棚→墙面→地面，或地面→天棚→墙面。

⑤门窗安装、玻璃安装、油漆等一般在抹灰后进行。

⑥水电设备安装必须与土建施工密切配合进行，交叉施工。

5.2.5 选择施工方法和施工机械

施工方法和施工机械选择是施工方案中的关键问题。它直接影响施工进度、施工质量、施工安全，以及工程成本。所以要尽量做到施工可行，经济合理，技术先进。

编制施工组织设计时，必须根据工程的建设结构、抗震要求、工程量大小、工期长短、资源供应情况、施工现场条件和周围环境，制定出可行的方案，并进行技术经济比较，确定最优方案。

1. 施工方法与机械的选择

选择施工方法时应着重考虑影响整个单位工程施工的分部分项工程的施工方法，如在单位工程中占重要地位的分部分项工程、施工技术复杂或采用新技术、新工艺对工程质量起关键作用的分部分项工程、不熟悉的特殊结构工程或由专业施工单位施工的特殊专业工程的施工方法。

一般土建工程的施工方法与机械选择应包括下列内容。

(1)土石方工程。

1)计算土石方工程的工程量，确定土石方开挖或爆破方法，选择土石方施工机械。

2)确定土壁放边坡的坡度系数或土壁支撑形式以及板桩打设方法。

3)选择排除地面、地下水的方法。确定排水沟、集水井或井点布置方案所需设备。

4)确定土石方平衡调配方案。

(2)基础工程。

1)浅基础的垫层、混凝土基础和钢筋混凝土基础施工的技术要求，以及地下室施工的技术要求。

2)桩基础施工的施工方法和施工机械选择。

(3)砌筑工程。

1)墙体的组砌方法和质量要求。

2)弹线及皮数杆的控制要求。

3)确定脚手架搭设方法及安全网的挂设方法。

4)选择垂直和水平运输机械。

(4)钢筋混凝土工程。

1)确定混凝土工程施工方案。

2)确定模板类型及支模方法，对于复杂工程还需进行模板设计和绘制模板放样图。

3)选择钢筋的加工、绑扎和焊接方法。

4)选择混凝土的制备方案，如采用商品混凝土，还是现场拌制混凝土。确定搅拌、运输、浇筑顺序和方法，以及泵送混凝土和普通垂直运输混凝土的机械选择。

5)选择混凝土搅拌、振捣设备的类型和规格，确定施工缝留设位置。

6)确定预应力混凝土的施工方法、控制应力和张拉设备。

(5)结构安装工程。

1)确定起重机械类型、型号和数量。

2)确定构件运输、装卸、堆放方法和所需机具设备的规格、数量和运输道路要求。

(6)屋面工程。

1)屋面工程各个分项工程施工的操作要求。

2)确定屋面材料的运输方式和现场存放方式。

(7)装饰工程。

1)各种装饰工程的操作方法及质量要求。

2)确定材料运输方式及储存要求。

3)确定所需机具设备。

2. 选择施工机械时应注意的问题

(1)应首先根据工程特点选择适宜的主导工程施工机械。

(2)各种辅助机械应与直接配套的主导机械的生产能力协调一致。

(3)在同一建筑工地上的建筑机械的种类和型号应尽可能少。

(4)尽量选用施工单位的现有机械,以减少施工的投资额,提高现有机械的利用率,降低工程成本。

(5)确定各个分部工程垂直运输方案时应进行综合分析,统一考虑。

5.2.6 施工方案的技术经济评价

施工方案的技术经济评价是选择最优施工方案的重要途径。它是从几个可行方案中选出一个工期短、成本低、质量好、材料省、劳动力安排合理的最优方案。

常用的方法有定性分析和定量分析两种。

1. 定性分析评价

定性分析评价是结合工程施工实际经验,对几个方案的优缺点进行分析和比较。通常主要从以下几个指标来评价。

(1)工人在施工操作上的难易程度和安全可靠性。

(2)能否为后续工作创造有利施工条件。

(3)选择的施工机械设备是否易于取得。

(4)采用该方案是否有利于冬雨期施工。

(5)能否为现场文明创造有利条件等。

2. 定量分析评价

定量分析评价是通过对各个方案的工期指标、实物量指标和价值指标等一系列单个的技术经济指标,进行计算对比,从中选择技术经济指标最优方案的方法。

定量分析评价通常分为多指标分析和综合指标分析两种方法。

(1)多指标分析法。多指标分析法是用价值指标、实物指标和工期指标等一系列单个的技术经济指标,对各个方案进行分析对比从中选优的方法。定量分析的指标通常包括:

1)工期指标。当要求工程尽快完成以便尽早投入生产或使用时,选择施工方案就要在确保工程质量、安全和成本较低的条件下,优先考虑缩短工期的方案。

2)劳动量消耗指标。它反映施工机械化程度和劳动生产率水平。通常，方案中劳动量消耗越小，施工机械化程度和劳动生产率水平越高。

3)主要材料消耗指标。它反映各个施工方案的主要材料节约情况。

4)成本指标。它是反映施工方案成本高低的指标。

5)投资额指标。拟定的施工方案需要增加新的投资时，如购买新的施工机械或设备，则需要增加投资额指标进行比较，以低者为好。

在实际应用时，可能会出现指标不一致的情况，这时，就需要根据工程具体情况确定。如工期紧迫，就优先考虑工期短的方案。

(2)综合指标分析法。综合指标分析方法是以多指标为基础，将各指标的值按照一定的计算方法进行综合后得到一个综合指标进行评价。

学习单元 5.3　施工方案的主要技术组织措施

技术组织措施是指在技术上对保证工程质量、安全、节约和文明施工所采用的方法。制定这些方法是施工方案中很有创造性的一项工作，其主要的组织措施包括以下几个方面。

1. 工艺技术措施

对采用"四新"(新结构、新材料、新工艺、新设备)的项目，或比较复杂的分部工程，应单独编制施工技术措施，其内容包括：施工方法的特殊要求和工艺流程；技术要求和质量安全注意事项；材料、构件和施工机具的特点、使用方法和需要量。

2. 保证工程质量措施

保证工程质质量关键是施工组织设计的工程对象经常发生的质量通病制定防治措施，可以按照各主要分部分项工程提出的质量要求，也可以按照各工种工程提出的质量要求。保证工程质量的措施可以从以下几个方面考虑。

(1)保证工程定位放线、轴线尺寸、标高测量等施工测量准确无误的措施。

(2)保证地基承载力及各种基础、地下结构及地下防水、土方回填等施工质量的措施。

(3)保证主体结构关键部位施工质量的措施。

(4)保证屋面、装修工程施工质量的措施。

(5)保证采用新材料、新结构、新工艺、新技术的工程的施工质量的措施。

(6)保证工程质量的组织措施，如各级技术责任制、现场管理机构的设置、人员培训、建立质量检验制度等。

3. 施工安全措施

保证安全的关键是贯彻安全操作规程，对施工中可能发生的安全问题提出预防措施并加以落实。保证施工安全的措施主要包括以下几个方面。

(1)提出施工宣传、教育的具体措施；对新工人进场上岗前必须作安全教育及安全操作的培训。

(2)针对拟建工程地形、环境、自然气候、气象等情况，提出可能发生的自然灾害时有关施工安全方面的若干措施及其具体的办法，如防雷击、防滑等措施；以便减少损失，避免伤亡。

（3）高空作业的防护和保护措施。

（4）各种电器设备的安全管理和机具设备的安全使用措施。

（5）防火防爆措施；高温、有毒、有尘、有害气体环境下操作人员的安全要求和措施。

（6）土方、深坑施工、高空、高架操作、结构吊装，上下垂直平行施工时的安全要求和措施。

（7）各种机械、机具安全操作要求；交通、车辆的安全管理。

（8）狂风、暴雨、雷电等各种不可抗力发生前后的安全检查措施及安全维护制度。

（9）脚手架、吊篮、安全网的设置，各类洞口、临边防止作业人员坠落的措施。现场周围通行道路及居民保护隔离措施。

（10）各施工部位要有明显的安全警示牌。

（11）基坑支护、临时用电、模板搭拆、脚手架搭拆要编写专项施工方案。

（12）针对新工艺、新技术、新材料、新结构，制定专门的施工安全技术措施。

（13）确保施工安全的宣传、教育及检查等组织措施。

4. 冬雨期施工措施

（1）雨期施工措施要根据工程所在地的雨量、雨期、工程特点和部位，在防淋、防潮、防泡、防淹、防拖延工期等方面，采取改变施工顺序、排水、加固、遮盖等措施。

（2）冬期施工措施要根据所在地的气温、降雪量、工程内容和特点、施工单位条件等因素，在保温、防冻、改善操作环境等方面，采取一定的冬期施工措施。如暖棚法，先进行门窗封闭，再进行装饰工程的方法，以及混凝土中加入抗冻剂的方法等。

5. 降低成本措施

降低成本措施包括提高劳动生产率、节约劳动力、节约材料、节约机械设备费用、节约临时设施费用等方面的措施，它是根据施工预算和技术组织措施计划进行编制的。降低成本措施包括下列内容：

（1）采用新技术，以节约材料和工日，如采用悬挑脚手架代替常规脚手架。

（2）采用混凝土及砂浆加掺和剂、外加剂以节约材料。

（3）采用先进的钢筋连接技术，以确保质量，如采用直螺纹连接技术。

（4）合理进行土方平衡，以节约土方运费。

（5）确定工程质量，减少返工费用。

（6）保证安全生产，减少事故频率，避免意外事故的发生所带来的损失。

（7）提高机械使用率，减少机械费用的支出。

（8）增收节支，减少施工管理费用的支出。

（9）工程建设提前完工，以节省各项费用开支。

6. 现场文明施工措施

（1）施工现场的施工区域应与办公、生活区划分清晰，并应采取相应的隔离措施。

（2）施工现场必须采用封闭围挡，高度不得小于 1.8 m（在城市市区主要路段上设置高度高于 2.5 m 的围挡）。

（3）施工现场出入口应标有企业名称或企业标识。主要出入口明显处应设置工程概况牌，大门内应有施工现场总平面图和安全生产、消防保卫、环境保护、文明施工等制度牌。

（4）施工现场临时用房应选址合理，并应符合安全、消防要求和国家有关规定。

（5）在工程的施工组织设计中应有防治大气污染、水土污染、噪声污染和改善环境卫生的有效措施。

（6）施工企业应采取有效的职业病防护措施，为作业人员提供必备的防护用品，对从事有职业病危害作业的人员应定期进行体检和培训。

（7）施工企业应结合季节特点，做好作业人员的饮食卫生和防暑降温、防寒保暖、防煤气中毒、防疫等工作。

（8）施工现场必须建立环境保护、环境卫生管理和检查制度，并应做好检查记录。

（9）对施工现场作业人员的教育培训、考核应包括环境保护、环境卫生等有关法律、法规的内容。

（10）施工企业应根据法律、法规的规定，制定施工现场的公共卫生突发事件应急预案。

7. 环境保护措施

（1）施工现场泥浆和污水未经处理不得直接排入城市排水设施和河流、湖泊、池塘。

（2）不得在施工现场焚烧可产生有毒有害烟尘和恶臭的废弃物，禁止将有毒有害废弃物作为土方回填。

（3）建筑垃圾、渣土应在指定地点堆放，每日进行清理。高空和施工的垃圾及废弃物应采用密闭式串筒或其他措施清理搬运。装载建筑材料、垃圾或渣土的车辆，应采取防止尘土飞扬、洒落或流溢的有效措施。施工现场应根据需要设置机动车辆冲洗设施。

（4）在居民和单位密集区域进行爆破、打桩等施工作业前，项目经理部应按规定申请批准，还应将作业计划、影响范围与程度及有关措施等情况，向受影响范围的居民和单位通报说明，取得协作和配合；对施工机械的噪声与振动扰民，应采取相应措施予以控制。

（5）经过施工现场的地下管线，应由发包人在施工前通知承包人，标出位置，加以保护。施工时若发现文物、古迹、爆炸物、电缆等，应当停止施工保护好现场，及时向有关部门报告，按照有关规定处理后方可继续施工。

（6）施工中需要停水、停电、封路而影响环境时，必须经有关部门批准，事先告知。在行人、车辆通行的地方施工，沟、井、坎、穴应设置覆盖物和标志。

学习单元 5.4 施工方案的发展方向

随着项目管理规范的全面推行，建筑市场必将向着标准化、规范化、科学化的反方向发展，并逐步与国际接轨。施工方案作为项目管理规划里的一个重要内容，直接反映出项目管理人员对某个工艺的操作指导和操作要求标准等。在砌筑工程施工方案的编制过程中，不仅要体现出施工的方法、工艺的技术特点和技术处理措施，更应体现出作为企业的技术素质和管理水平,体现出企业可以满足国家、业主(或投资人)等在质量方面的要求。

伴随着工程量清单的推广实施,施工方案中的技术措施也成为竣工决算、月度计量的重要依据。因此,对施工方案的编制,应引起高度重视。

1. 施工方案的标准化

标准化是工业化生产的条件。对于建筑行业来说,各种施工程序、过程、工艺和要求的标准化,有利于提高施工质量和速度,有利于实现规模化和专业化施工。生产的标准化受限要求技术文件的标准化。施工方案的发展,必须为建筑施工的标准化服务,从而使得施工方案的编制也变得标准化。

2. 施工方案的创新

施工或施工方案的标准化,提高了施工速度和质量,也全面提高了建筑业的施工水平,但是并不妨碍施工技术、工艺、方案的创新,相反会有促进作用。在大多数施工企业的水平都因施工的标准化而共同提高以后,施工技术和方案的创新会使得该企业脱颖而出,立于不败之地。创新是企业的生存原动力,具有创新性的施工方案才是真正优秀的施工方案。

3. 施工方案的计算机模拟

随着电子技术的飞速发展,以及工程项目的日益复杂,计算机将会在建筑施工中扮演越来越重要的角色。通过计算机可以模拟施工的全过程,找出施工中的难点和关键点,提前预知施工中可能发生的事情,以便于在施工中提前做好准备,为工程的顺利施工打下基础。通过计算机还可以模拟周边环境、气候等对工程施工的影响,同样也可以模拟工程施工对周边环境的影响。这有利于施工企业提前做好准备,正确地处理工程施工中产生的问题,提高工程的施工质量,保证工程的顺利实施。

思 考 题

1. 什么是施工方案?编制施工方案的目的和意义是什么?
2. 如何确定施工顺序?确定施工顺序时应考虑哪些问题?
3. 如何确定施工方法?确定施工方法时应考虑哪些因素?
4. 什么是流水施工段?如何划分流水施工段?
5. 编制砌体工程施工方案应从哪些方面着手?施工方案主要内容有哪些?
6. 混合结构民用建筑在施工时具有哪些特点?
7. 编制施工方案时,在技术、质量、安全、文明等方面应采取哪些措施?

实 训 题

一、混合结构民用建筑施工方案编制实训

(1)混合结构民用建筑施工在施工时具有的特点。

(2)混合结构民用建筑的施工顺序。

(3)主要施工方法的选择。

(4)确定水平垂直运输机械。

二、某工程砌体施工方案编制实训

(1)目的：通过本单元的学习与训练，掌握砌筑施工方案的主要内容、作用、编制要点、编制方法。达到能编制一般工程砌筑施工方案。

(2)作业条件。

由指导老师提供如下资料：

1)施工图纸：从图纸中可以知道有哪些施工内容。见附图。

2)有关国家规范和标准。

3)施工现场勘察得来的资料、信息。

4)本单位的劳动力、机械供应条件、施工能力。

5)当地的一些技术经济条件。

(3)编制施工方案的步骤。

(4)施工方案编制的要求。

(5)现阶段施工方案存在的问题。

建筑设计说明

1. 本施工图依据规划局所批红线图，建设单位所批方案以及地质勘察所提供的地质报告进行设计。

2. 一至四层为住宅楼，总建筑面积约为 655 m²。

3. 本工程＋0.000 m 标高根据现场情况详定，建筑红线详见规划图。

4. 本施工图除标高以米为单位外，其余尺寸均以毫米为单位，该建筑的合理使用年限为 50 年。

5. 墙体：

(1)各层平面图中墙体厚度除注明外，其余均为 240 mm 厚眠墙，砖及砂浆强度等级详结施。

(2)墙体防潮层设于－0.050 m 处，铺设 20 mm 厚 1：2 水泥砂浆(内掺 5％防水剂)。

(3)阳台栏板为 120 mm 厚墙，高为 1 100 mm，压顶及构造柱做法详 05ZJ411—1/38。

(4)女儿墙为 240 mm 厚眠墙，最低处不得少于 1 100 mm。

6. 屋面：

(1)屋面刚性防水屋面，防水等级为Ⅱ级，防水层耐用年限为 15 年，防水做法详见建施屋顶大样。

(2)天沟伸缩缝做法详见 05ZJ201—4/22，间距小于 12 m，雨水管用 DN110 UPVC 管。

7. 外墙装修：

(1)外墙装饰见立面标注或由建设方定。

(2)阳台外墙面同建筑外墙面，内墙面刮白色瓷性涂料两道。

(3)外墙伸缩缝做法参见 98ZJ111—1/4，女儿墙做法参见 05ZJ201—1/19。

8. 顶棚：

(1)室内顶棚做法详见 05ZJ001—顶 1/75。

(2)雨棚底、楼梯底、天沟底做法详见 05ZJ001—顶 4/75。

9. 内墙装修：

(2)厨房，厕所内墙粉 20 mm 厚 1：2 水泥砂浆至顶(内掺 5％防水剂)参见 05ZJ001—内墙8/46。

| 建施 01 | 建筑设计说明(一) |

(3)其余内墙混合砂浆打底，面刮白色瓷性涂料两道，做法详见05ZJ001—内墙1/45。

(4)所有内墙阳角做1.8 m高水泥护角，面层平内墙面，做法详见98ZJ501—1/20。

(5)住宅楼梯入口处，距地800 mm，嵌墙安装信报箱，信报箱规格尺寸为400 mm×325 mm×1 000 mm。

10.楼地面：

(1)商业网点地面为水泥砂浆找平，做法详见05ZJ001—地20/10，防潮做法参05ZJ001—地57/19。

(2)楼面(包括楼梯间)水泥砂浆抹平，做法详见05ZJ001—楼10/14。厨房，厕所地面水泥砂浆打底，做法详见05ZJ001—地55/19。

(3)厨房建筑标高比同层楼面标高低20 mm，厕所建筑标高比同层楼地面标高低30 mm。

(4)厕所蹲位做法详见98ZJ513—1/19，具体位置详见水施。

11.门窗、油漆工程：

(1)所有对外窗均为铝合金钢窗。

(2)木门刷调和漆两道，做法详见05ZJ001—涂1/87。对外为棕色对内为淡黄色。

(3)楼梯栏杆做法详见05ZJ401—W/14。

(4)所有外露铁件均用红丹打底，再刷银粉漆两道，做法详见05ZJ001—地16/91。

12.其他室外装修：

(1)砖砌暗沟—散水做法详见98ZJ901—4/6，暗沟位置现场确定。

(2)阳台内晒衣架做法详见98ZJ901—3/28。

13.本施工图采用《中南地区通用建筑标准设计》图集。

14.图纸及本说明未尽事宜，严格按现行国家有关施工及验收规范、规程执行。

门窗表

类别	设计编号	洞口尺寸/mm		备注
		宽	高	
门	M—1	1 000	2 000	乙级防火门
	M—2	900	2 100	
	M—3	800	2 100	
	TLM	推拉门按实	2 100	
窗	C—1	2 100	1 500	
	C—2	1 500	1 500	
	C—3	1 200	1 500	
	C—4	900	1 500	

建施02	建筑设计说明(二)

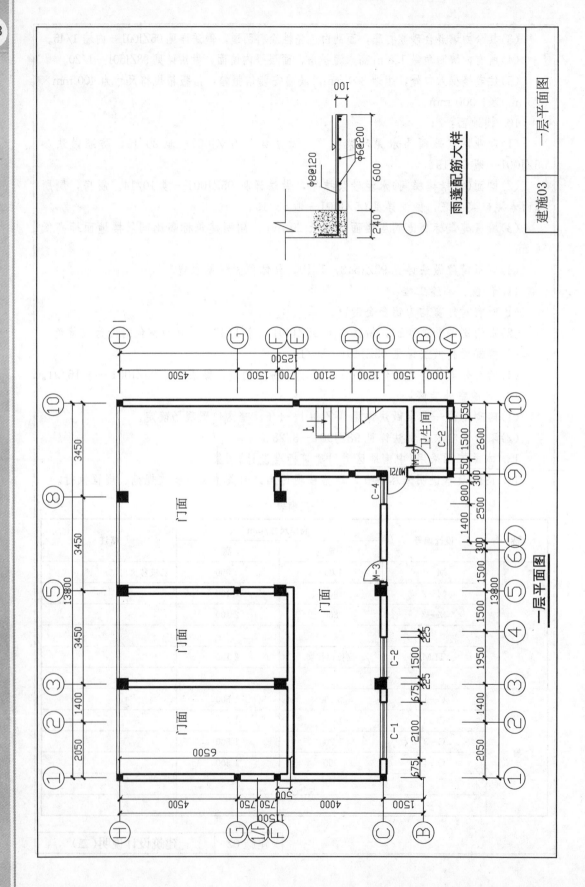

雨蓬配筋大样

Φ8@120

Φ6@200

100

600

240

一层平面图

建施03　一层平面图

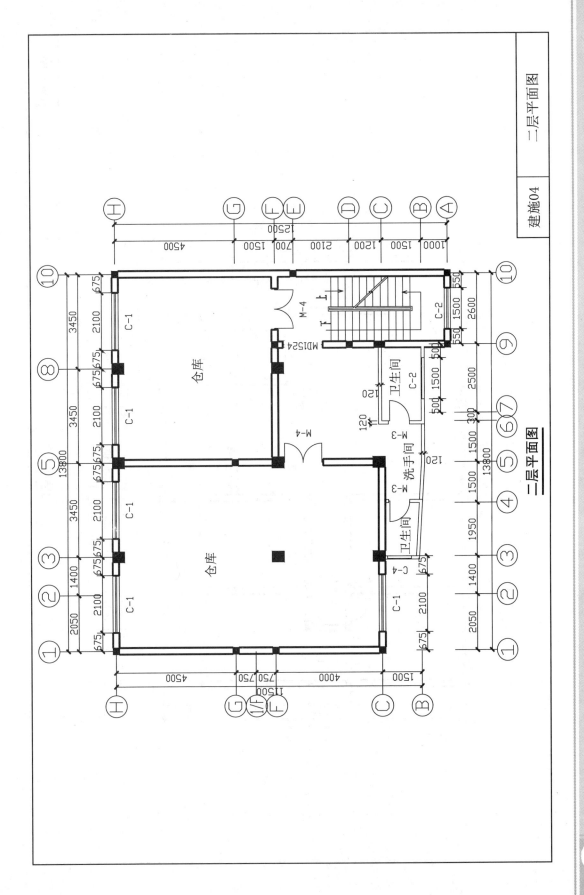

二层平面图

建施04

二层平面图

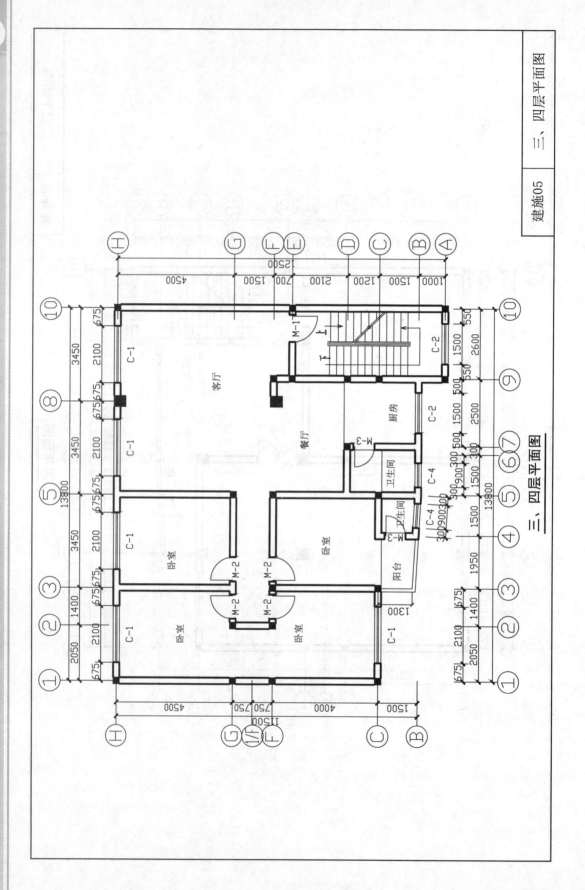

三、四层平面图

建施05

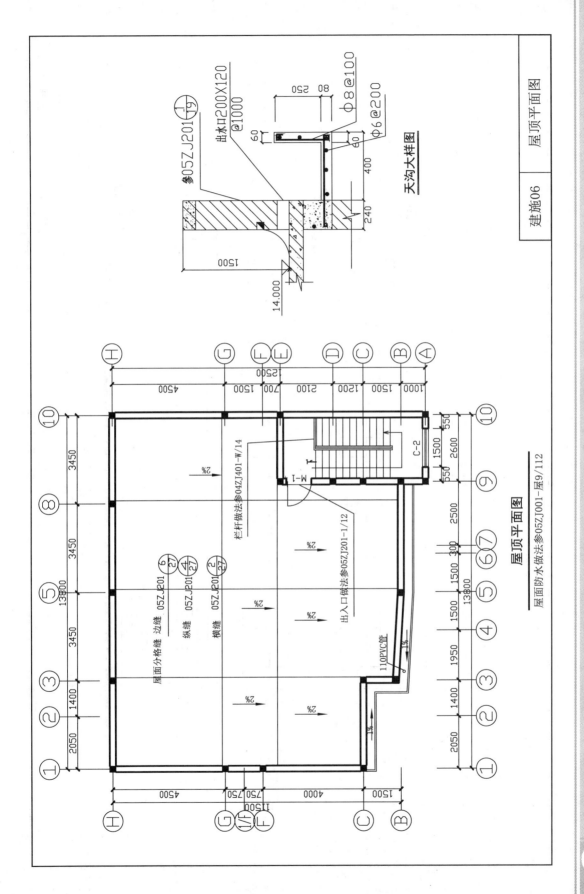

天沟大样图

参05ZJ201 ①/19

出水口200X120 @1000

φ8@100

φ6@200

屋顶平面图

屋面防水做法参05ZJ001~屋9/112

栏杆做法参04ZJ401-W/14

出入口做法参05ZJ201-1/12

110PVC管

屋面分格缝 边缝 05ZJ201 ⑥/27

纵缝 05ZJ201 ④/27

横缝 05ZJ201 ②/27

162

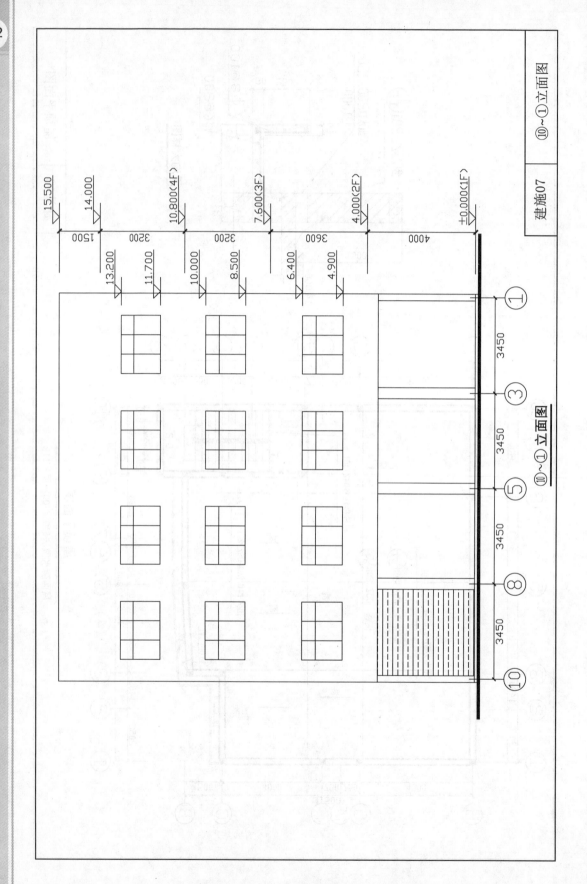

⑩~① 立面图

建施07

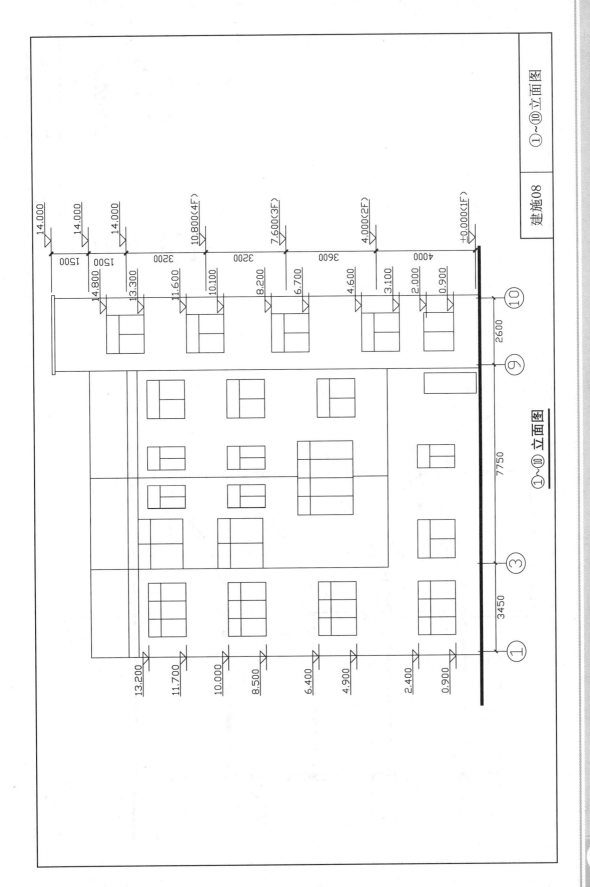

①~⑩立面图

建施08

①~⑩立面图

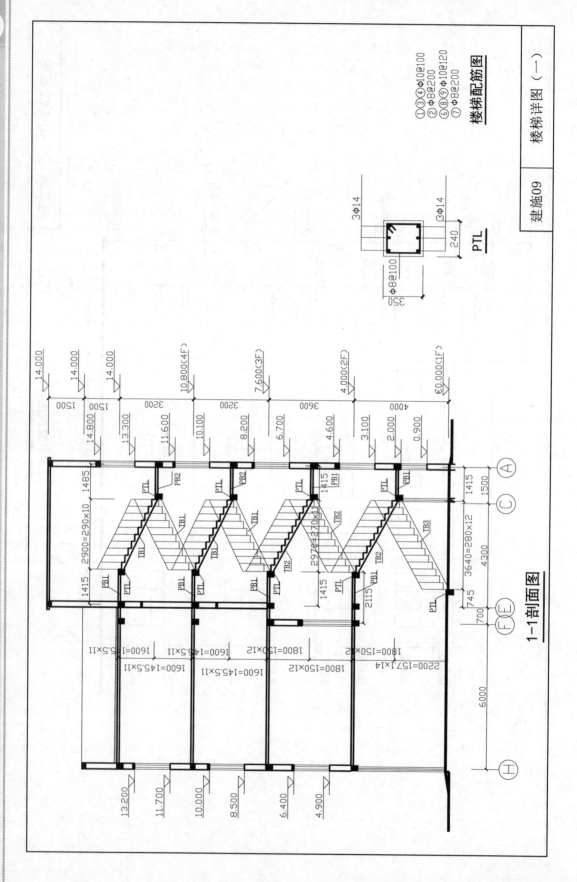

1-1剖面图

楼梯配筋图

①③④Φ10@100
②Φ8@200
⑥⑧⑨Φ10@120
⑦Φ8@200

PTL

3Φ14
3Φ14
Φ8@100

| 建施09 | 楼梯详图（一） |

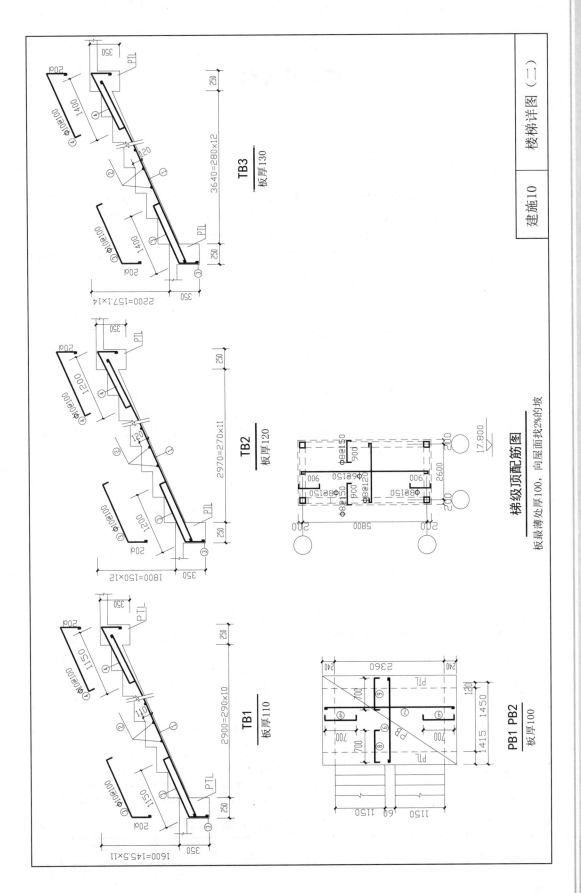

TB3
板厚130

TB2
板厚120

TB1
板厚110

梯级顶配筋图
板最薄处厚100，向屋面找2%的坡

PB1 PB2
板厚100

结构总说明

一、一般说明

（一）设计依据

1. 结构设计按下列现行设计规范、规程进行：

《建筑结构荷载规范》（GB 50009—2012）、《建筑抗震设计规范》（GB 50011—2010）、《建筑地基基础设计规范》（GB 50007—2011）、《砌体结构设计规范》（GB 50003—2011）、《混凝土结构设计规范》（GB 50010—2010）、《建筑工程抗震设防分类标准》（GB 50223—2008）、其他相关国家现行规范、规程。

2. 抗震设防烈度为 6 度，设防类别为丙类，场地类别为 Ⅱ 类，混凝土结构抗震等级为三级。

3. 建筑结构安全等级为二级，设计使用年限为 50 年。

4. 结构设计选用图集为《混凝土结构施工图平面整体表示方法制图规则和构造详图》（11G101—1）和《建筑物抗震构造详图》（11G329—2）。

5. 凡画有"√"者为本设计用。（本说明中的图集均为中南标和国标）

√（二）工程概况

√1. 本工程地上总高度为　米；建筑物层数为四层，结构形式为底框—抗震墙结构。

√2. 本工程基础形式为条形及独立柱基础，基础设计等级为丙级。

√3. 本工程±0.000 m 标高由现场确定。（除楼梯配筋标高外，其余标高均为地面相对标高）

√4. 全部尺寸除注明外，均以毫米（mm）为单位，标高以米（m）为单位。

√（三）使用活荷载

√1. 楼面使用活荷载：阳台：2.5 kN/m²；楼梯：2.5 kN/m²；其他房间均为：2.0 kN/m²。

√2. 屋面使用活荷载：2.0 kN/m²（上人屋面）；0.7 kN/m²（不上人屋面）。

√（四）选用材料及其他

√1. 混凝土除另有注明者外，各楼层混凝土强度等级见表1。

表1　混凝土强度选用表

结构部位	混凝土	钢筋	保护层厚/mm	备注
基础垫层	C15			1. 钢筋：HPB300（φ）、HRB335（Φ）、HRB400（Φ）。
基础	C25	—	40	√2. 梁、柱平法详见 11G101—1。
基础梁	C25	—	40	3. 表中的混凝土保护层厚
柱	C25 （C30）	—	25 （30）	混凝土结构处于以下环境类别： 基础、屋面结构：二 a 类；条件：室内潮湿环境；非严寒和非寒冷地区的露天环境、与无侵蚀性的水或土壤直接接触的环境。
梁	C25 （C30）	—	25 （30）	上部结构：一类；条件：室内正常环境及与无侵蚀性静水浸没环境
楼面板	C25		20	4. 保护层厚度为最外层钢筋到混凝土表面。
屋面板	C25		25	5. 构件受力钢筋的保护层厚度不应小于钢筋的公称直径 d。
楼梯	C25		20	6. 未标注的混凝强度等级为C25。
构造柱、圈梁	C25	—	25	

结施 01	结构总说明（一）

基础底板、基础梁等处的钢筋保护层为 40 mm(无垫层时为 70 mm)。

2. 钢筋：HPB300(Φ)$f_y = f'_y = 270$ N/mm^2；HRB335(Φ)$f_y = f'_y = 300$ N/mm^2；HRB400(Φ)$f_y = f'_y = 360$ N/mm^2。

(1)钢筋连接宜采用焊接连接或其他机械连接。

(2)钢筋搭接位置：上部支座负弯矩钢筋在跨中 1/3 范围内，下部跨中正弯矩钢筋在支座处。

(3)钢筋采用焊接接头时，焊接长度：单面焊 10d，双面焊 5d。

表 2 受拉钢筋基本锚固长度 L_{ab}、L_{abE}(钢筋直径 $d \leqslant 25$ mm)

钢筋类型 (普通钢筋)	混凝土强度等级				
	C20	**C25**	**C30**	**C35**	**40**
HPB300	39d(41d)	34d(36d)	30d(32d)	28d(29d)	25d(26d)
HRB335	38d(40d)	33d(35d)	29d(31d)	27d(28d)	25d(26d)
HRB400		40d(42d)	35d(37d)	32d(34d)	29d(30d)

注：括号内数值是抗震等级为三级时受拉钢筋的锚固长度 L_{abE}。

√ 3. 砖砌体用料

√ (1)承重结构部位用料见表 3。

表 3 承重结构部位用料

层号	砌块名称	墙体				
		编号	墙厚/mm	砖强度	砂浆	砂浆类型
0.000 m 以下	烧结多孔砖		240	MU10	M10	水泥砂浆
0.000 m～4.200 m	烧结多孔砖		240	MU10	M10	混合砂浆
4.200 m 以上	烧结多孔砖		240	MU10	M7.5	混合砂浆

注：0.000 m 以下烧结多孔砖用 M10 水泥砂浆灌实。

√ (2)抗震墙部分。一层抗震墙墙体为钢筋混凝土墙(混凝土强度等级为 C35)，双层双向钢筋 Φ12@150。

√ 二、地基基础部分

基础说明详见基础施工图。

√ 三、钢筋混凝土结构构件的规定

√ (一)楼板

√ 1. 单向板底筋的分布筋及单向板、双向板支座筋的分布筋，除图中注明外，屋面及外露结构采用 Φ6@200，楼面采用 Φ6@250。

√ 2. 双向板的板底钢筋，短向钢筋放在底层，长向钢筋放在短向钢筋之上。

√ 3. 对于板两边均嵌固在墙内的各楼层端跨板的端角处，在 $L/4$ 短跨长度范围内，板支座面筋应加强，详见图一，该钢筋直径同该楼板面钢筋且不小于 Φ8，其间距取 100 mm。

√4. 对于配有双层钢筋的楼板除注明者外，均应加支撑钢筋，其形式如 Ω。支撑钢筋的高度 h 除另有注明外，取 $h=$ 板厚 -20，以保证上下层钢筋位置准确，支撑钢筋为 Φ8，每平方米设置一个。

√5. 跨度大于 4 m 的板，要求板跨中起拱 $L/400$。

√6. 楼板开洞除图中注明外，当洞宽小于 300 mm 时，可不设附加筋，板上钢筋绕过洞外，不需切断；当洞宽大于 300 mm 时，应设附加筋，如图三所示。

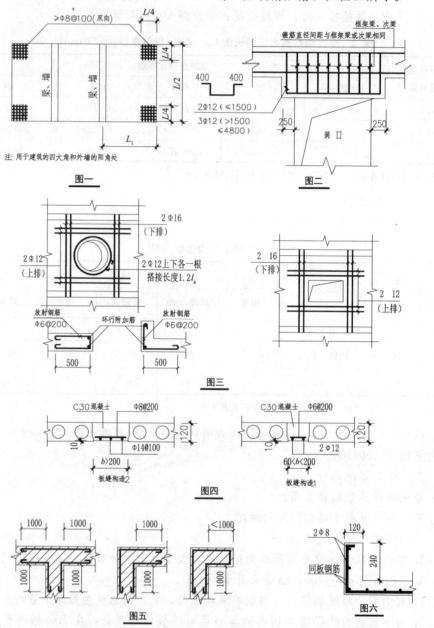

图一

注：用于建筑的四大角和外墙的阳角处

图二

图三

图四

图五

图六

√7. 上下水管道及设备孔洞均需按平面图位置及大小预留，不得事后开凿。

√8. 凡屋面为反梁结构，需按排水方向、位置大小预留过水洞，不得事后开凿。

| 结施 03 | 结构总说明（三） |

√9. 露台或屋面，面层未配置钢筋部分，加配抗裂钢筋 φ6@250，与罩筋搭接长度为 300 mm。

√(二)梁

√1. 对于跨度为 4 m 和 4 m 以上的梁，悬臂跨度大于 2 m 的梁，应注意按施工规范起拱。

√2. 由于设备需要在梁开洞或设预埋件，应严格按照设计图纸规定设置，预留孔不得事后开凿。在浇筑混凝土前经检查符合设计要求后，方可浇筑混凝土。

√3. 当梁端支承面无 GZ、QL 时，加设梁垫 240 mm×240 mm×720 mm，主筋为 4φ10，箍筋为 φ6@200。

√4. 挑梁埋入墙的长度为 2.1 倍挑出长度(屋面挑梁)；其余为 1.5 倍挑出长度。

√(三)柱

√1. 各楼层结构平面图中，凡未标注柱边线定位尺寸者，该柱截面中心线即为该方向建筑轴线。

√2. 柱其他构造要求见柱施工图。

√(四)预制部分

√1. 预制构件制作时，上下水管道或其他设备孔洞均按图示位置预留，不得后凿。

√2. 通用构件按标准设计图集要求制作安装。

√3. 预制板板缝及现浇板带构造如图四所示。

√四、砌体部分构件的规定

√1. 砌体砌筑的施工质量控制等级为 B 级。

√2. 框架填充墙应沿钢筋混凝土框架柱高度每隔 500 mm 预埋 2φ6 钢筋，锚入混凝土柱内 200 mm，伸入砖墙内长度为 1 000 mm，若墙垛长不足上述长度，则伸满墙垛长度，且末端弯直钩。

√3. 砖墙内的门洞、窗洞或设备孔，其洞顶均需设过梁，除图上另有注明外，统一按下述处理：

(1)结构所设钢筋混凝土过梁的平面位置详建施平面图；非承重砖墙按《钢筋混凝土过梁图集》(03G322)Ⅰ级荷载(承重砖墙按Ⅲ级荷载)并根据门窗洞口净跨选用；砌块墙除梁宽按砌块宽外，其余同砖墙选用。门窗洞口宽小于 600 mm 的按 600 mm 选取过梁。

(2)当洞顶离结构梁(或板)底小于上述的钢筋混凝土过梁高度时，过梁与结构梁(或板)浇成整体。如图二所示。

√4. 外墙转角及内外墙交接处，未设构造柱时，应沿墙高每隔 500 mm 配置 2φ6 拉结钢筋，并每边伸入墙内不小于 1 000 mm，如图五所示。若墙长度不足 1 000 mm 时，按图五第三种情况处理；构造柱与墙连接处应砌成马牙槎，沿墙高每隔 500 mm 设 2φ6 水平钢筋和 φ4@200 的分布短筋平面内点焊组成的拉结网片，每边伸入墙内不小于 1 000 mm(3.60～9.00 m 应沿墙体水平通长设置)。

√5. 过渡层(7.80～10.80 m)的砌体墙在窗台标高处，设置沿纵横墙设通长 240 mm×60 mm(纵筋为 2φ10，横向钢筋为 φ6@200)的

| 结施 04 | 结构总说明(四) |

现浇钢筋混凝土带；此外，砖砌体墙在与相邻构造柱间的墙体，沿墙高每隔 360 mm 设 2φ6 通长水平钢筋和 φ4@200 的分布短筋平面内点焊组成的拉结网片并锚入构造柱内；过渡层的砌体墙，宽度不小于 1.2 m 的门洞和 2.1 m 的窗洞，洞口两侧增设 120 mm×240 mm 的构造准(纵筋为 4φ12，箍筋为 φ6@200)。

√6. 填充墙应沿框架柱全高每隔 500 mm 设 2φ6 通长水平钢筋，楼梯间和人流通道的填充墙应采用钢丝网砂浆面层加强(水泥砂浆强度等级为 M10，厚度 35 mm，镀锌电焊网，规格 DHW1.8×50.8×50.8)。

√7. 构造柱与圈梁的构造要求按图集《民用多层砖房抗震构造》(12ZG002)。

√8. 底部框架填充墙墙长大于 5 m 时，墙顶与梁的拉结筋按 12ZG003—3/38；墙高超过 4 m 时，墙体半高处按 12ZG003—1/38 设置与柱连接且沿墙全长贯通的钢筋混凝土水平系梁。墙长超过 8 m 或层高 2 倍时，应在全长中段处按 12ZG003 第 38 页设置构造柱。

√9. 底部框架—抗震墙的托墙梁的纵向受力钢筋和腰筋应按受拉钢筋的要求锚固在柱内，且支座上部的纵向钢筋在柱内的锚固长度应符合钢筋混凝土框支梁的有关要求。

√五、其他

√1. 本工程结构设计选用图集为《混凝土结构施工图平面整体表示方法制图规则和构造详图》(11G101—1)。施工时，应按该图集的要求施工。

√2. 屋面女儿墙转角处及每开间处(并不得大于 3.6 m)均由屋面 QL 或梁伸出竖筋 4φ10 做 240 mm×240 mm 的混凝土小柱，箍筋为 φ6@200。小柱钢筋伸入压顶梁内，同梁钢筋搭接。现浇挑檐、雨篷、天沟等外露构件的伸缩缝间距不大于 12 m。

√3. 楼板上 120 mm 砖墙下无梁时，需在板底增设 2φ16 钢筋，钢筋两端锚入梁内。

√4. 阳合挑梁端部及转角处均设混凝土小柱 $b×h＝120$ mm×120 mm 配 4φ12、φ4@150，从挑梁底至阳台栏板压顶，阳台栏板压顶 $b×h＝120$ mm×60 mm，配 2φ10《通长》、φ6@200，阳台压顶及小构造柱的构造要求见 11ZJ411。

√5. 顶层楼梯间墙体沿墙高每隔 500 mm 设置 2φ6 通长钢筋和 φ4@200 的分布短筋平面内点焊组成的拉结网片；突出屋顶的楼梯间、电梯间，构造柱应伸至顶部并与顶部圈梁连接，所有墙体沿墙高每隔 500 mm 设置 2φ6 通长钢筋和 φ4@200 的分布短筋平面内点焊组成的拉结网片。

√6. 卫生间板底比相应楼层板底 500(350)mm，所有现浇板罩筋的分布筋均为 φ6@200 mm，卫生间反边高出相应楼面 120。

√7. 未尽事宜，按国家有关规范和规程办理或双方协商解决。

| 结施 05 | 结构总说明(五) |

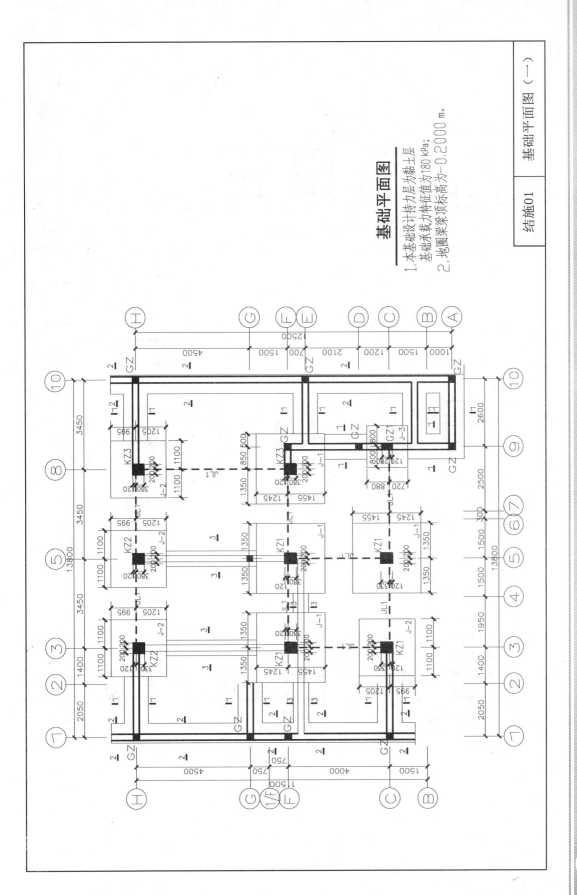

基础平面图

1.本基础设计持力层为黏土层
　基础承载力特征值为180 kPa;
2.地圈梁梁顶标高为−0.2000 m。

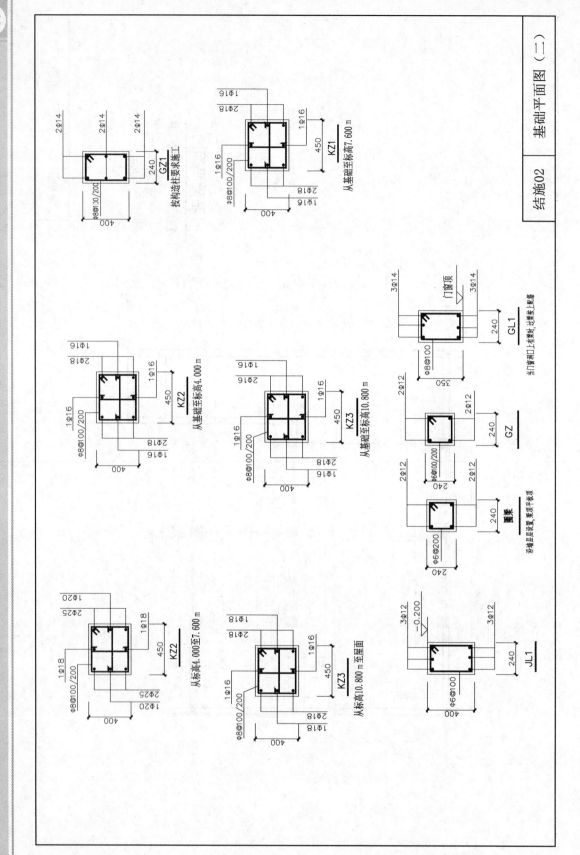

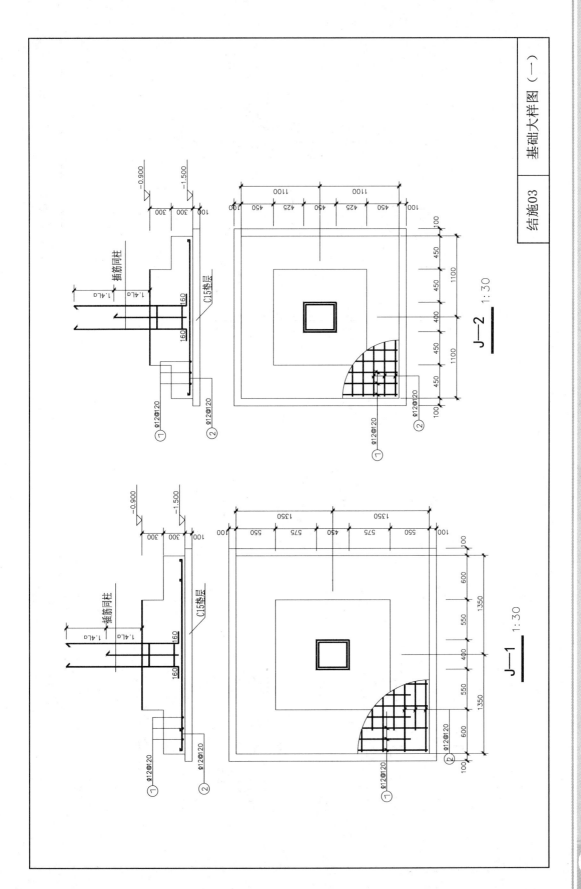

基础大样图（一）

结施03

J—2 1:30

J—1 1:30

173

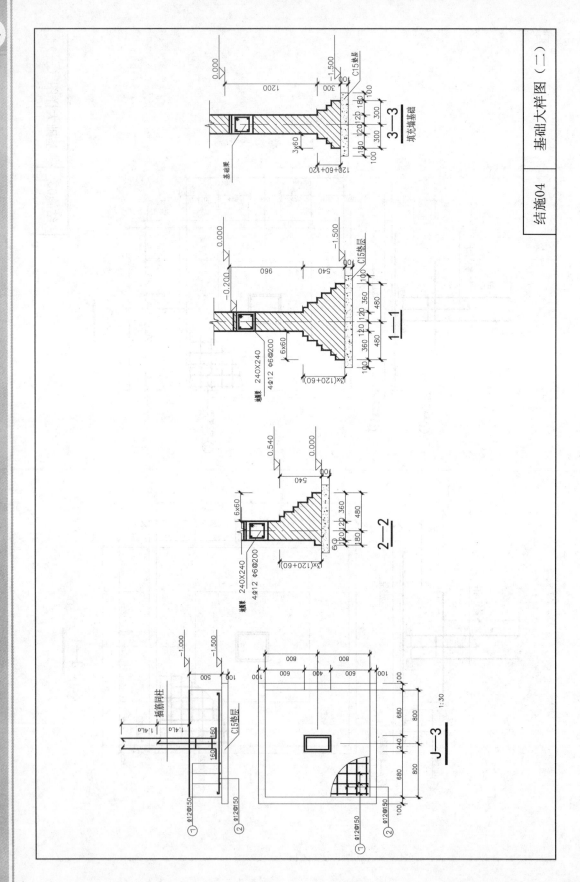

基础大样图（二）

结施04

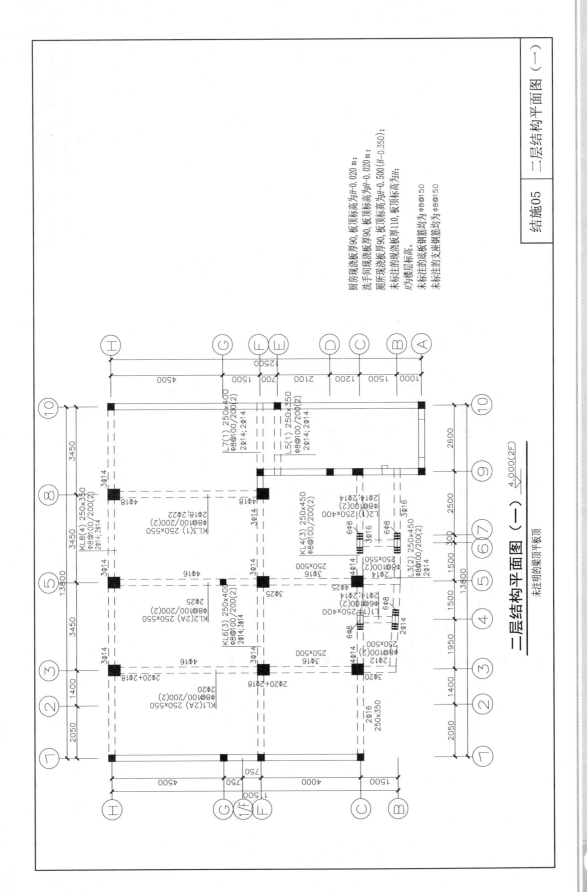

厨房现浇板厚90，板顶标高为H-0.020 m；
洗手间同现浇板厚90，板顶标高为H-0.020 m；
厕所现浇板厚90，板顶标高板厚110，板顶标高为H；
洗手间同现浇板厚90，板顶标高为H-0.500（H-0.350）；
板顶标高为H；

未标注的现浇板顶标高为H。
的楼层标高。
未标注的板底钢筋均为 Φ8@150
未标注的支座钢筋均为 Φ8@150

二层结构平面图（一）

4.000(2F)

未注明的梁顶为板顶

175

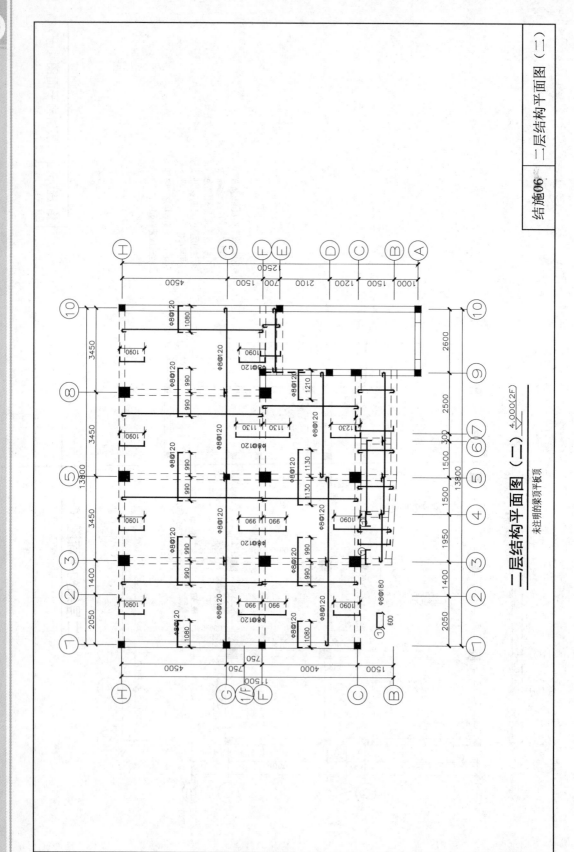

二层结构平面图（二） 4.000(2F)
未注明的梁顶平板顶

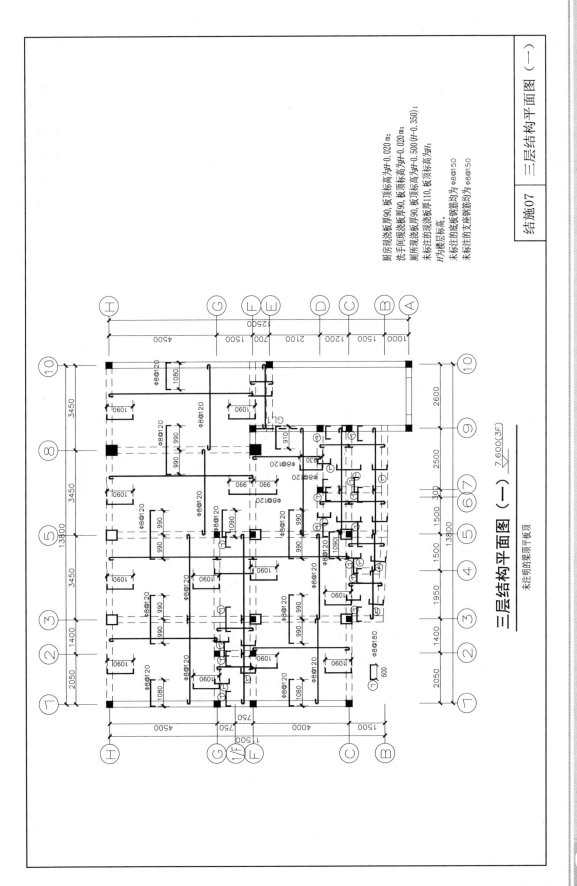

三层结构平面图（一）

未注明的梁顶平板顶

7.600(3F)

厨房现浇板厚90，板顶标高为H-0.020 m；
洗手间现浇板厚90，板顶标高为H-0.020 m；
厕所现浇板厚90，板顶标高为H-0.500 (H-0.350)；
未标注的现浇板厚110，板顶标高为H；
H为楼层标高。
未标注的底板钢筋均为Φ8@150
未标注的支座钢筋均为Φ8@150

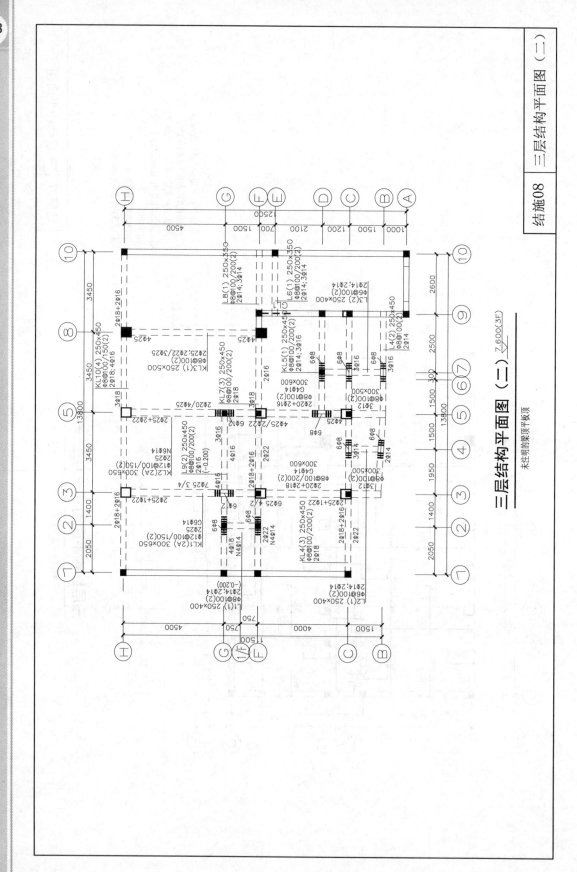

三层结构平面图（二） 7.600(3F)

未注明的梁顶平板顶

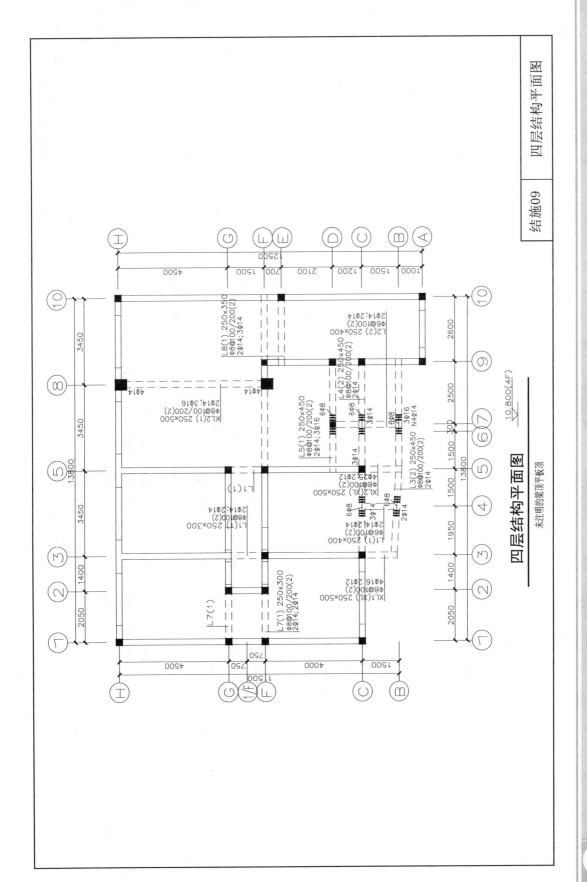

179

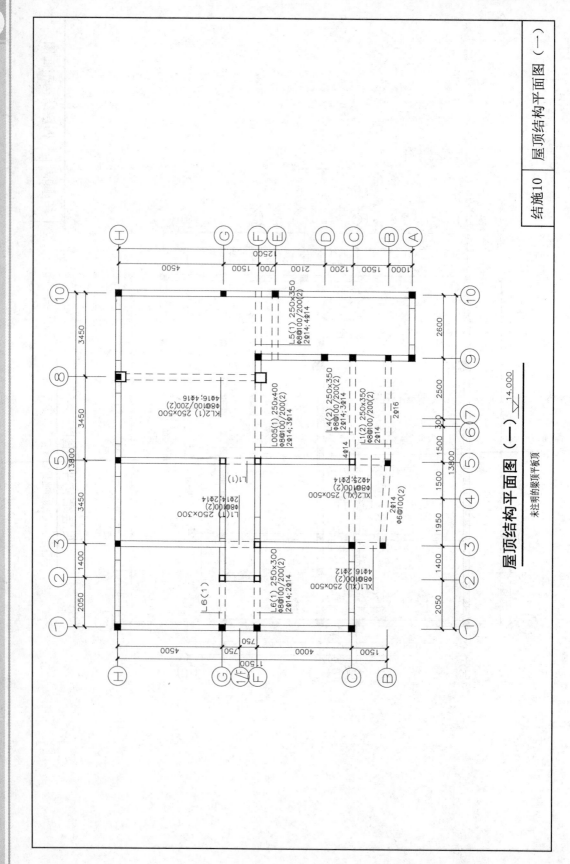

屋顶结构平面图（一）

未注明的梁顶平板顶

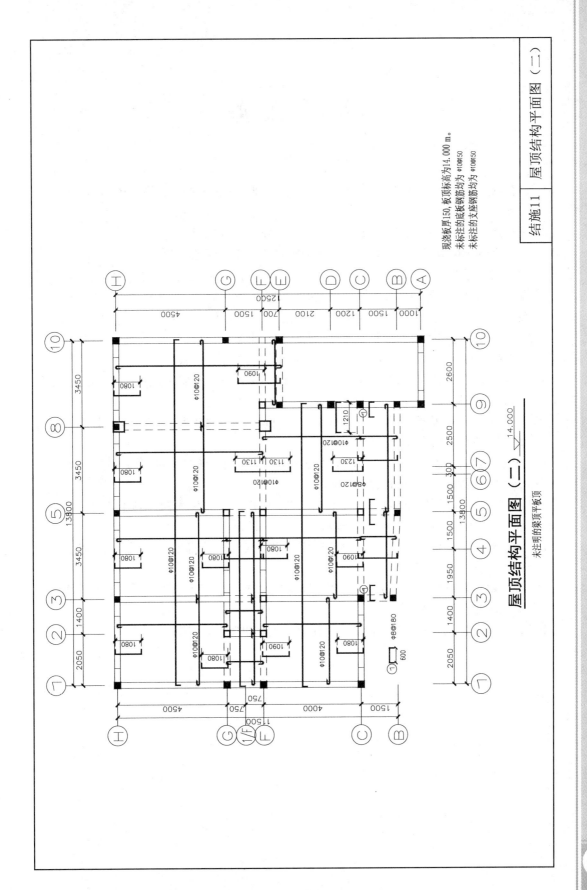

屋顶结构平面图（二） $\underset{\nabla}{14.000}$

未注明的梁顶平板顶

现浇板厚150，板顶标高为14.000 m。
未标注的底板钢筋均为 Φ10@150
未标注的支座钢筋均为 Φ10@150

参 考 文 献

[1]《建筑施工手册》(第五版)编写组．建筑施工手册[M]．5版．北京：中国建筑工业出版社．2012.

[2] 王军强．混凝土结构施工[M]．北京：中国建筑工业出版社，2013.

[3] 姚谨英．建筑施工技术[M]．北京：中国建筑工业出版社，2012.

[4] 常建立，赵占军．建筑工程施工技术[M]．北京：北京理工大学出版社，2014.

[5] 张伟，徐淳．建筑施工技术[M]．上海：同济大学出版社，2010.

[6] 金萃．砌体结构施工[M]．北京：北京理工大学出版社，2013.

[7] 苏小卒．砌体结构设计[M]．上海：同济大学出版社，2013.

[8] 姚谨英．砌体结构工程施工[M]．北京：中国建筑工业出版社，2005.

[9] 中华人民共和国国家标准．GB 50924—2014 砌体结构工程施工规范[S]．北京：中国建筑工业出版社，2014.

[10] 中华人民共和国国家标准．GB 50203—2011 砌体结构工程施工质量验收规范[S]．北京：中国建筑工业出版社，2012.

[11] 中华人民共和国国家标准．GB 50300—2013 建筑工程施工质量验收统一标准[S]．北京：中国建筑工业出版社，2012.

[12] 中华人民共和国国家标准．JGJ 130—2011 建筑施工扣件式钢管脚手架安全技术规范[S]．北京：中国建筑工业出版社，2011.

[13] 赵承雄，刘贞贞．土建施工员基础知识、岗位知识、专业实务[M]．哈尔滨：哈尔滨工程大学出版社，2011.

[14] 赵承雄，蒋成太．建筑工程初、中级职称考试辅导教程上、下[M]．北京：国防科技大学出版社，2010.

[15] 王文仲．建筑结构[M]．武汉：武汉理工大学出版社，2004.